動物園的祕密

？讓
市的
覽其

※譯註：橫濱動物園於 2017 年和臺北市立動物園締結為夥伴動物園。

動物們的寢室（後場）

◀ ▼動物們到了晚上，就會移動到遊客看不到的後場去。

幫動物們準備食物

◀▼蔬菜或肉類等食材，是由保育員或動物廚房的工作人員做切切洗洗或是壓碎等加工處理。下方的照片是枝葉貯藏庫。

▶保管動物食物的場所。配合動物的習性，貯存蔬果、肉、枝葉等。

動物園內的醫院

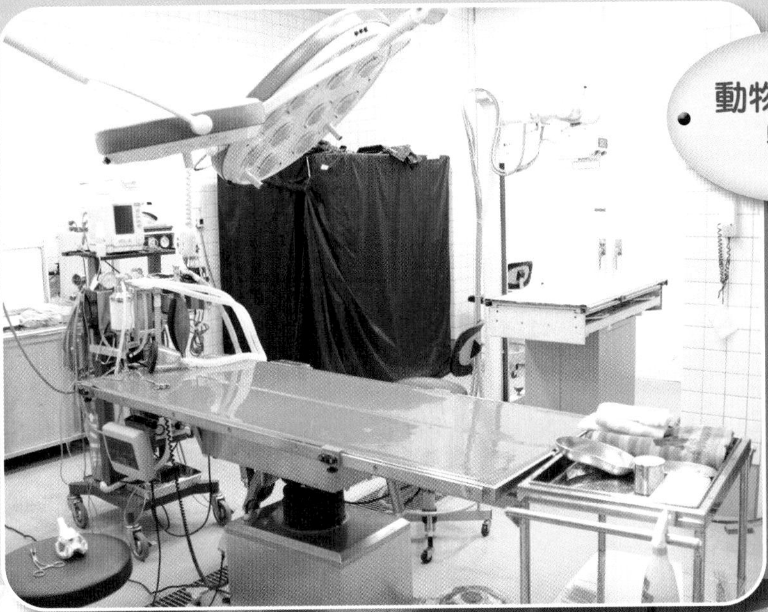

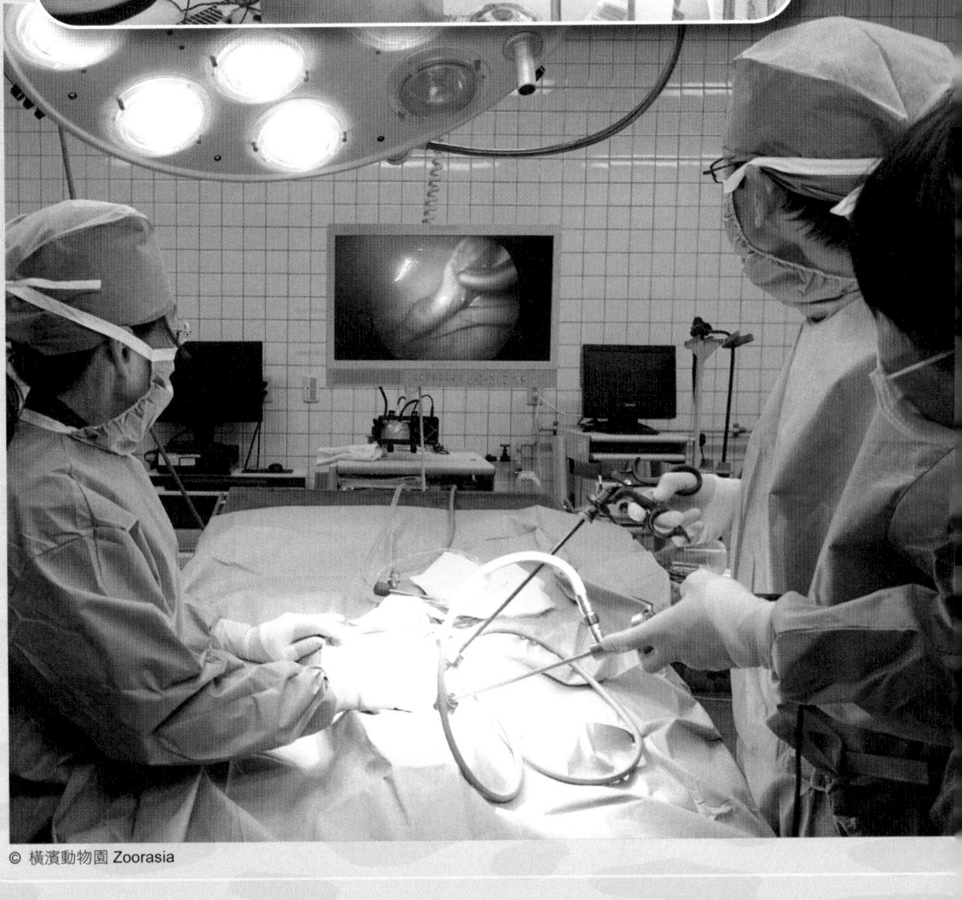

◀▼
大型動物園會有設備齊全的手術室與診間。

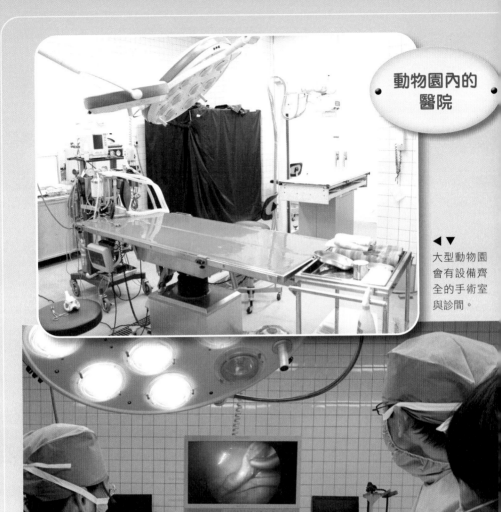

動物園內各式各樣的工作內容

▲保育員有時候也會對遊客解說自己負責的動物。照片中的洪氏環企鵝，食物是冷凍的真鰺。為了添加營養素，會將維生素注入魚的身體裡再餵食。

▲當動物園有動物死亡時，會視情況設置獻花台※讓遊客可以跟動物道別。

▲為了方便動物活動，有時候會搭設木頭或是綁一些繩子。照片上的是古氏樹袋鼠（*Dendrolagus goodfellowi*）。

◀ 園裡盡可能重現動物原生棲息地的環境。照片中的環境是為了要表現非洲莽原的氣氛而放置了骨頭。

※臺北動物園在大象林旺過世時，設置了很長一段時間的獻花台，讓遊客跟林旺爺爺說再見。

哆啦A夢
DORAEMON

知識大探索
KNOWLEDGE WORLD

動物園祕密列車

哆啦A夢知識大探索

動物園祕密列車

目錄

動物園的祕密

探索！小知識

※這些是更深入說明與動物園及動物相關的歷史或是事蹟的專欄。

關於本書

【哆啦A夢知識大探索】是繼【哆啦A夢科學任意門】之後誕生的第二套學習漫畫系列。一邊快樂的閱讀哆啦A夢的漫畫，一邊閱讀這本書各個主題的解說，自然而然能記住這些知識。讓我們一起認識、體驗各種事物，探索他們的有趣之處吧。

※本書內容若無特別註明，均為二〇二一年七月的資訊。

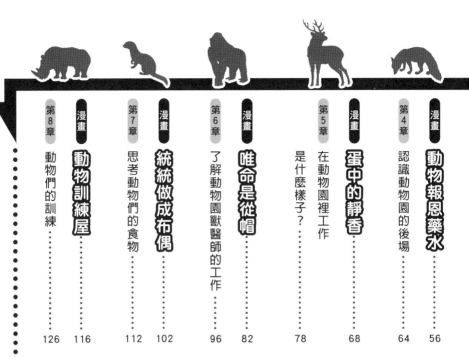

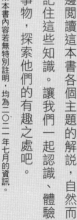

前言

當我還是孩子的一九五〇至一九七〇年代，動物園是在假日時和家人一起去看動物、吃便當、開心玩耍後再回家的快樂遊憩場所。能夠看到那些在日常生活中無法見到的野生動物，是很刺激，而且讓心裡雀躍無比的體驗。總的來說，去動物園絕對是件讓人開心而且歡樂的事情。

但是自從地球環境遭到破壞、氣候變遷等議題開始成為社會關注的問題之後，動物園就不再單純只是看動物的遊憩場所，它進一步成為透過動物認識牠們棲息的自然環境、重新認識生命重要性的教育場所，並且擔負了保育稀有物種的責任。動物園為了將這些使命傳達給來此造訪的遊客，近年來在展示方法與圈養方式上都下了很多工夫，也會舉辦解說導覽或動物教室等活動。

在本書中，為了讓讀者知道並了解動物園扮演的各種角色及擔負的責任，會從多種觀點來對動物園進行解說。由動物園的歷史及展示方法開始，到動物園的種類，以及動物的圈養方式、工作人員的大小事，還有與動物相關的各種小知識等，充滿了各種『動物園的祕密』。各位讀者可以各自從感興趣的部分開始讀讀看。

假如在閱讀完本書之後有去造訪動物園的話，希望你能夠在單項動物上花個五分鐘左右的時間好好觀察。這樣一來，不但能夠了解動物園在展示設施設計上所下的工夫與巧思，也能夠加深對動物的了解，知道動物的行為是出乎意料的充滿變化。例如在觀察以領袖為中心生活的群體動物時，會看到不少讓我們不禁覺得動物的世界和人類社會很相似的景象。此外，我們可能自以為是在看動物，但是

橫濱動物園 Zoorasia 園長　村田浩一

動物們其實也在觀察我們，例如藏獼猴就會對孩童及年長者採取威嚇的態度。而最好的例子，是跟動物長時間相處的保育員。不論哪種動物都會仔細觀察人類，高智商的大象還會蔑視菜鳥保育員、假裝沒看見，或是不聽他們的話呢。看著這類在人類社會也可能發生的狀況，大家應該可以實際體會到，人類只不過就是一種叫做人的動物而已吧。

閱讀本書的各位會有什麼樣的感想、會做出什麼樣的思考，是我現在充滿期待想知道的事。我們這些做著與動物園相關工作的人，打從心底希望有更多人可以造訪動物園，經由被動物吸引與感動之後，不自覺的學習到人類與動植物是共生的，以及守護地球環境與生命的重要性，也能夠讓讀者重新思考或對塑造自己的生活方式有所幫助。拿起這本書的各位，一定是喜歡動物園或動物，並且想更加認識動物的人吧。如果這本書能夠多少幫上忙，讓大家感覺動物的世界離我們很近、就在我們身邊的話，就是我的榮幸。

照片：村田浩一園長於園長室。

童話樂園入場券

又在偷懶了!!快把倉庫整理完，就可以出去玩啦！
這是我小時候最喜歡的繪本。
動物村的遠足
動物村的遠足
裡頭有豬和大象等，讓人覺得動物們真的全都是好朋友呢！
那時還真是天真無邪、充滿夢想……非常幸福的年代啊……
再也回不到那個夢幻的童話世界……
那可不一定喔。
「童話樂園入場券」。
童話樂園
這是二十二世紀的全新遊樂設施，進場的遊客可以變身成動物，快樂的遊玩喔。
我去找靜香一起去！

一定會很好玩的。
好啊，我去！
我們也要去！
沒關係啦，反正門票夠多。
不過在露營地要注意禮節，不要做出讓二十世紀的人丟臉的事來。
會變成什麼動物呢？
我希望能變成威猛的獅子！
高貴的天鵝跟我最相配了。
會變成什麼動物都是由電腦自動決定的。
每個人會變身成與自身形象最相近的動物。

動物園祕密列車Q&A

Q 設立申布倫動物園的人是誰？①瑪莉・安東尼王后 ②弗蘭茨・約瑟夫一世 ③瑪麗亞・特蕾莎。

A

②弗蘭茨・約瑟夫一世。他是瑪麗亞・特蕾莎的丈夫，也是後來成為法國王后的瑪莉・安東尼的父親。

動物園祕密列車Q&A

Q 請將以下的動物園依照開園年代排序：京都市動物園、上野動物園、大阪博物場附屬動物檻。

哇～好漂亮的城堡喔。
白雪公主和灰姑娘等很多公主，都住在那裡面。
喂，休息一下吧！我已經走不動了。
鼾…
不可以在這裡睡午覺啦！
居然是烏龜睡著，而兔子去叫醒他。
可以去那邊租船喔。
像是兔子跟壞狸貓的故事呢。

A 上野動物園（一八八二年）、大阪博物場附屬動物檻（現在的天王寺動物園）（一八八四年）、京都市動物園（一九〇三年）。

這水果真好吃！變成猩猩真是太好了。
不要一個人獨享啦！
也丟下來給我們吃嘛！
吵死了，先等我吃飽再說!!
你們就吃還沒熟的，慢慢等吧！
需要我們幫忙修理他嗎？
我們去那邊吃飯吧。

動物園祕密列車Q&A

Q 大象在江戶時代就已經被進口到日本，還走過東海道※。這是真的嗎？

※譯註：江戶時代是從 1603 到 1868 年，而當時的東海道是指從江戶（現在的東京）的日本橋到京都的三条大橋為止的道路。距離總長約有 492 公里，路上一共有 53 個宿場（可供住宿的地區）。

A 真的。被船載到長崎的大象，於江戶時代的享保14年（一七二九年）經由東海道被送給八代將軍德川吉宗。

※圓滾滾飯糰

奇怪，前面突然變晚上了？
這裡是白天來也能遊樂的夜晚區！
空中樂園
要從這裡上去嗎？怎麼上去啊？
傑克豌豆
用這個豆子就可以了。
這是傑克豌豆電梯！
到雲上了耶！
那邊很亮呢！

動物園祕密列車Q&A

Q 大貓熊會冬眠。這是真的嗎？

A
假的。雖然大貓熊也是熊科動物，卻不像棕熊或是黑熊那樣會冬眠。

好久沒有這種充滿童心樂趣的感覺了，
對啊，真的很快樂呢。
好像作了個美夢一樣！
真高興你們喜歡。
我是覺得這樣有點幼稚啦……感覺上少了點刺激。
比如說，出現恐怖魔女之類的……
大雄！
居然丟下整理工作，跑到哪裡去了!?
我要好好罵你一頓……
那裡還是不要有魔女比較好！光是現實世界這個就夠我受的了!!

第1章 了解動物園的起源

像漫畫「童話樂園入場券」那樣的異世界，要是真的存在的話，一定很有趣吧。動物園在某種程度上也是和日常相異的空間，因為那是讓生活在世界各地的動物們齊聚一堂，並且可以對牠們進行觀察的空間。像這樣的動物園究竟是怎麼開始的呢？首先，讓我來解說一下動物園的歷史。

貴族和富裕階級收集的動物收藏

人類飼養、蒐集野生動物的記錄，可以回溯到西元前三千年左右的古埃及王朝時代。中國方面，遠自西元前十二世紀至十一世紀左右的周文王時代，就已經有關於飼養野生動物場所的記錄。從這些記錄當中，能夠知道動物自古以來就被人類當成收藏品。

一般認為，這些貴族或是多金的富裕階級飼養在自己宅邸腹地內的動物，都是從海外帶回，或是來自外國呈獻的貢品，主要是被當做私人收藏，或成為財富與權力的象徵，並不是我們認知中現代動物園的形式。

▲中國的周文王　Wikimedia Commons

世界最古老的動物園蓋在宮殿內

像現在這種一般民眾都能夠到訪參觀的動物園，是從十八世紀後半才開始的，那是位在奧地利維也納申布倫宮殿（亦作美泉宮）內的動物園。

這座動物園原本是宮殿主人弗蘭茨・約瑟夫一世為了皇后瑪麗亞・特蕾莎建造的，花費數年的歲月，於一七五二年完成，園內陳設了展覽野生動物的設施，稱為「ménagerie（動物園的法文）」。據說瑪麗亞・特蕾莎喜歡在涼亭裡一邊吃早餐一邊觀賞大象、駱駝、斑馬等動物。這個私人設施後來開放給一般民眾使用，被稱為「申布倫動物園（美泉宮動物園）」。

位於法國巴黎的「巴黎植物園附屬動物園」，於一七九三年開園，一開始形式與申布倫動物園相似，後來才開放給一般民眾使用。法國大革命之後，這座動物園將當初展示在凡爾賽宮殿內動物園中的動物，遷址建造的。據說從宮殿搬運動物時，以四輪馬車花了好幾個小時才搬完呢。

不論是「申布倫動物園」或是「巴黎植物園附屬動物園」都是至今仍存在的動物園，各位讀者現在也能夠去造訪參觀。「申布倫動物園」在全世界的動物園中，被稱為最古老且最具歷史的動物園。位於宮殿中的動物園，聽起來就有一種很優雅的感覺，希望至少有機會可以去參觀一次呢。

Dguendel via Wikimedia Commons

▲現在的申布倫動物園。

倫敦動物學會的創立是近代動物園的起始

被稱為「ménagerie（動物園）」的設施，受到以貴族為中心的特權階級喜愛，由於是私人的收藏，所以把看動物當成享受，娛樂性的因素較強。

直到一八二六年，英國創設了倫敦動物學會，才開始轉變成像現代這樣，將動物園作為學習或研究動物的場所。一八二八年，倫敦動物學會創立兩年後，在倫敦的攝政公園內設立了以動物學為基礎並做展示的「倫敦動物園」。

這座動物園設立的目的在於期待動物學的發展，因此學會從世界各地收集動物來當成研究資料，並進行圈養展示，被認為是近代動物園的起始。雖然動物園的英文原本是叫做「zoological park（動物公園）」，但自從倫敦動物園開園之後，市民便將它簡稱為「ZOO」，而後這個名稱就固定下來了。倫敦動物園從開園至今創設了許多先驅性的設施。例如在一八四九年蓋了爬蟲動物館，在一八五三年設置首座對社會大眾開放的水族館。此外，在一八八一年誕生了昆蟲館，並做了新的嘗試，在展示區旁貼上解說牌。

在歐洲，以倫敦動物園的開園為首，大型動物園接二連三在各國都市的市中心開幕，如阿提斯皇家動物園（一八三八年，荷蘭）、安特衛普動物園（一八四三年，比利時）、柏林動物園（一八四四年，德國）。到十九世紀末為止，世界各地已經有多座動物園了。

British Museum via Wikimedia Commons

▲於 1828 年開園的倫敦動物園，最初是以收集動物為目的，後來才對一般民眾開放。這是描繪當時景象的圖畫。

世界首座無柵欄動物園於二十世紀初期誕生！

進入二十世紀之後，在近代動物園的歷史上，發生了突破性的大事。那就是在一九〇七年，德國漢堡市誕生了「哈根貝克動物園」。

當時有一群把販售野生動物給有錢人或動物園當成職業的動物商人，卡爾・哈根貝克就是其中之一。他在漢堡市郊外設立的這座動物園，並不像常見的動物園那樣在欄舍裡展示動物，而是運用他身為動物商人的知識及造園技術，在展場中巧妙的設置了壕溝和岩石。哈根貝克這種不遮蔽視野，在廣闊空間中展示動物的手法，讓入園遊客大感驚奇。

園區的展示方式就像是在廣闊的全景視野中，看到動物們生活在大自然之中，充滿了震撼力。

這種「無柵欄放養式展示」，後來被稱為「哈根貝克式」，至今仍舊使用於現代的動物園中。動物園界後來也開發了各種不同的展示方法，在第二章中會做更詳細的解說。

© Bridgeman／PPS 通訊社

▲以無柵欄放養式展示大象的哈根貝克動物園（1941 年）。

日本的動物園起源是江戶時代的「見世物小屋※」?!

在日本，江戶初期（十七世紀初）就有從外國進口駱駝、驢子和孔雀等動物，開啟了社會大眾將觀看動物當成休閒娛樂活動的風潮。能夠讓我們一窺其貌的，是描繪於十七世紀前半的「四條河原遊樂圖屏風」。屏風上描繪著京都鴨川，讓遊客觀看豪豬的景象。此外，在描繪抵達長崎的外國人景象的「南蠻屏風」上，則畫有南蠻船載運來的鸚哥和麝香貓，以及能夠開始和外國進行交易之後，變得可以獲得珍稀動物的狀況。

這些動物被使用在藝人的巡迴展覽活動中，或是被餐飲店買了當成招攬顧客的活招牌，公開給來店飲食的客人們看。據說有飼養珍稀動物的餐飲店，被稱為孔雀茶屋或是花鳥茶屋等，非常受歡迎。不過這些動物也跟怪胎秀（畸形秀）一樣，在本質上和學術性的西洋近代動物園完全是兩回事。近代動物園在日本登場，得要等到再往後一點的明治時期（一八六八年至一九一二年）才開始。

※註：指可以看到珍奇異獸或奇趣雜耍技藝（怪胎秀）的小房間。

探索！「動物園」這個名詞的制定者是福澤諭吉!!

日本最早出現「動物園」這三個漢字，是在福澤諭吉的著作《西洋事情（西洋事物）》上，福澤諭吉是慶應義塾（現在的慶應大學）的創設者，以日幣一萬圓紙鈔上的圖像廣為人所知。一八六二年，福澤諭吉以口譯員身分參加巡迴歐洲六國的遣歐使節團，並將當時所見所聞整理成標題為《西洋事情》的這本書。在這本著作中，福澤諭吉介紹了在歐洲以博物學概念為基礎所設立的動植物園樣貌。雖然我們現在都理所當然的稱呼為「動物園」，不過翻譯成這三個字的人卻是福澤諭吉！另外，台灣第一座正式的動物園，是一九一六年於日治時期設置的圓山動物園，所以沿用了動物園這個詞。

© 日本國立國會圖書館

▲比一萬日圓紙鈔上的肖像畫還要年輕時的福澤諭吉。

日本最早的動物園「上野動物園」於一八八二年開園

日本最早的動物園誕生於一八八二年，現存於東京的「上野動物園」就是第一個動物園。開園的契機是一八七三年舉辦的維也納萬國博覽會。當時從日本送往博覽會展出的活體動物，在博覽會結束後雖然暫時被圈養展示在內山下町（現在的東京千代田區內幸町）的博物館中，但是隨著博物館搬遷至上野公園，「上野動物園」也就誕生了。

▲明治時代上野動物園熱鬧的參觀人潮。　© 每日新聞社

在開園當時是以展示日本原生種動物為主，雖然一開始沒有太多人去，不過後來當老虎、大象等外國動物被引進動物園之後，入園遊客便開始增加，到了一八八九年時已經超過三十萬人，受關注的程度不斷增加。上野動物園受歡迎的程度影響了日本各地開始陸續開設動物園。京都的京都市動物園、大阪博物場附屬動物檻（現在的天王寺動物園）、名古屋的鶴舞公園動物園（現在的名古屋東山動植物公園）等，都是其中的代表性動物園。

探索！

電車鐵路公司也蓋動物園!?

前面介紹的日本動物園，都是由國家或是市町村等公部門所設立的。但是當動物園的受歡迎程度日漸上升之後，民間的電車鐵路（以下簡稱電鐵）公司為了促進觀光，也開始設立「遊樂園內的動物園」。一九一〇年開園的箕面有馬電氣軌道的箕面動物園是第一座，近鐵的「菖蒲池遊樂園」、阪神電鐵的「阪神公園」等等陸續登場。不過，這類動物園現在都已關閉不復存在。

現在的動物園肩負著四個重要任務！

動物園從西元前持續至今的漫長歷史中逐漸發展、變化，現在則肩負著「保育」、「教育」、「遊憩」、「研究」的四個任務。在第一章的最後，將分別解說這四個任務。

保育

動物園裡有許多珍稀動物，即使實際造訪牠們的棲息地也難以見到。所謂「珍稀」，是指該動物群體數量變少，達到瀕臨滅絕的危機。於是動物園便肩負了守護並保育這些瀕危動物、以將牠們傳給後世的責任，並且還會與世界各地的動物園合作，努力協助動物繁衍，致力於物種保存。

舉例來說，上野動物園飼養的雄性大貓熊陵陵（二〇〇八年死亡）就曾經為了繁殖，搭飛機到墨西哥的查普爾特佩克動物園（Chapultepec Zoo），而且牠還去了三次呢。

教育

能夠實際體驗從書本或影像中無法體會的動物氣味或叫聲，是動物園的一項特點。讓遊客在觀看動物時，能夠逐漸對其生態和行為產生興趣，這也是動物園的任務之一。此外，為了回應入園遊客的疑問，導覽時會對動物進行解說，或是在動物園裡舉辦動物教室等活動。有時候還會舉辦野外觀察會，到生物的棲息地實際參訪。在這樣的過程中可以體認到野生動物的棲息地變少，實際體會到守護環境的重要性，就有機會讓大家思考我們人類應該做些什麼。

© 柴崎 Hiroshi

遊憩

動物園是一個快樂的場域。到動物園看到活力滿滿的動物，在對牠們的生命力感到驚奇、受到感動之下，每個人的心情都能夠被療癒、變得有精神。在此同時，也能夠讓人自然而然的同時感受到「生命的重要性」以及「活著的美妙」。

研究

動物園的保育員，必須一邊飼養多種多樣的動物，一邊對牠們的個別生態和行為進行各種調查研究，才能夠讓動物們保持健康，盡可能讓牠們以最自然的形式在園內舒適的生活、繁衍子孫。動物園的保育員有時還會跟大學的研究室合作，甚至也會到野生動物的棲息地造訪。因此，圈養在動物園中的動物大多會比野生的同種動物還要長壽，生下的孩子們也都能健健康康的被養大。

動物套裝

Q 英文「a pride of lions」是什麼意思？

我們來玩正義英雄的遊戲吧。
要怎麼玩啊？
我當正義的英雄。
你們是邪惡的壞蛋。
我一定要找到你們。
要是哆啦A夢在就好了。

※跳、跳

A 這是獅群的意思。「pride」是獅子的量詞。

ピョン
ピョン
哆啦A夢!?
你怎麼知道我躲在這裡啊？
用「兔子套裝」就能聽到你說的話啦。
腳程也會變快喔。
小心別被胖虎看到喔。
別擔心。
「貓咪套裝」。
你會變得像貓咪一樣靈巧喔。
する
する

※颼颼

被我抓到了。
看我拿出「獅子套裝」。
你試著大吼看看。
吼！
哇啊！有獅子。

動物園祕密列車Q&A

Q 下列老虎中，體型最大的是哪一種？①東北虎 ②孟加拉虎 ③蘇門答臘虎 ④馬來虎。

A

①東北虎。分布於最北邊。

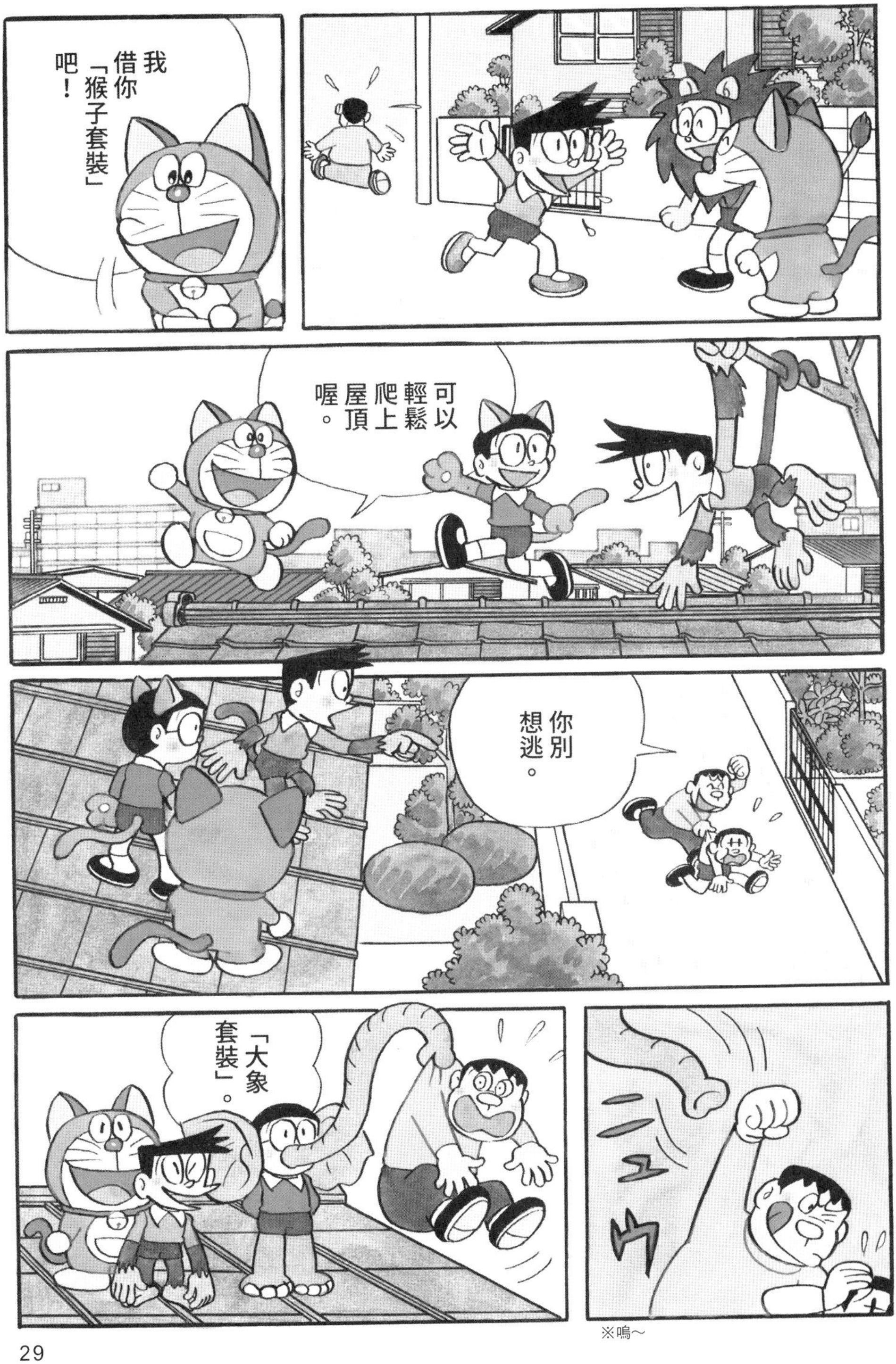
我借你「猴子套裝」吧！
可以輕鬆爬上屋頂喔。
你別想逃。
「大象套裝」。

※嗚～

Q 於一九〇一年發現的霍加㹢狓鹿(Okapi)跟斑馬是同類。這是真的嗎?

※甩、甩

A 假的。霍加狓鹿屬於長頸鹿科。日本最初公開展示霍加狓鹿的動物園是「橫濱動物園Zoorasia」。

雖然動物園中圈養、展示著世界各地的各種動物，但牠們到底是從哪裡來的呢？在此就對動物園典藏動物的手法，以及展示方法做解說。

動物們大多不是來自原生棲息地，而是來自國內外的其他動物園！

動物園的動物是怎麼被網羅到動物園來的呢？其實有好幾種不同的方法。

●其他動物園的讓渡

有時候是無償接受其他動物園的動物，有時候則是接受捐贈。

●交換

動物園和動物園之間交換動物。

●購買、採集

到近年為止，動物園主要是從捕捉野生動物販賣的動物商或是業者，取得動物進行展示。但是由於自然環境的惡化與人類的濫捕，導致瀕臨滅絕的動物種類越來越多，於是就變得不再那麼隨便捕捉野生動物到動物園了。不過，現在大家看到的動物園的動物，只有很少一部分是捕捉自野外，因為大多數的物種，是不論花多少錢都買不到喔。

●借殖

那麼究竟該怎麼引進動物才好呢？於是就有了以繁殖（breeding）為目的出借（loan）動物的「借殖（breeding loan）」制度產生。

現在幾乎所有的動物園，在要繁殖動物的時候，都是經由國內外動物園內的血統管理者※選擇適切的動物再進行嘗試的。

例如想要跟別家動物園「借一隻小貓熊」來進行繁衍的時候，會事先約定「把生下來的第一隻小孩還給你」，以這樣的方式來進行物種保存與保育。

動物園之間這類的動物借殖，不只是在國內而已，在國際間也很頻繁的進行，特別是瀕危動物更是如此。因為牠們被認為不屬於個人或任何動物園、水族館，而是全世界的共同財產。有時候會在動物園裡看到「〇〇小貓熊暫時到XX動物園去了」的告示，你有沒有遇到過呢？那就是基於這樣的緣故。

在進行國際間這類合作之前，必須先解決許多的課題，再加上自從嚴格限制全球性瀕危動植物國際間移動的「華盛頓公約」成立之後，日本國內又制定了「家畜傳染病預防法」，禁止已感染且有可能會大幅影響畜產業的動物進口，所以合作是相當困難的。

野生動物中，有些是疾病的帶原者，帶有像是禽流感或其他也會傳染給人類的病毒。因此，不單只有已經被指定的物種，在特定傳染病流行的時期，也必須暫停其他動物的輸入。

●其他

參與救傷收容計畫而入園的、查緝沒入瀕危動物、救傷的本土瀕危動物，以及為拯救野外極度瀕危動物，緊急建立域外安全保種族群而引入的動物。

※譯註：「血統管理者」的英文稱為 studbook keeper，不同物種有各自的血統書，基本上不只祖宗八代，只要能回溯，就會從該物種最初進入動物園系統的日期與資料全都記錄保存，全球的動物園付費共享資料庫。

© 橫濱動物園 Zoorasia

▲蘇門答臘虎羅宇途※（雌性，拍攝照片時 6 歲），2020 年 1 月由和歌山縣的冒險大世界（Adventure World）借殖到橫濱動物園 Zoorasia。今後園方會一邊觀察羅宇途的狀況，一邊準備幫牠配對、繁殖。

※譯註：原名 Laut 是印尼文的「海」，日文名用片假名ラウト。村田園長表示用「羅宇途」這三個漢字是期望在性別平等的時代，雌性也要大步邁向世界、宇宙的征途。

在展示動物的方法上下的各種工夫

到現在為止，動物園的展示方法出現各式各樣的變化。自從在二十頁介紹的卡爾・哈根貝克不用欄舍或柵欄做的無柵欄放養式展示（全景展示）誕生以來，已經又經過了一百年以上，現代動物園也轉變成基於動物研究的成果以及活用科技來進行展示喔。讓我們先看看過去的展示方法。

●分類學性展示

把同類動物排在一起進行展示，例如猿猴館或蛇類館等比較物種多樣性的方法，這是傳統的手法，也稱為「形態比較展示」。

●地理學性展示

像是分成非洲區或是亞洲區等，依照動物的分布地區進行展示的方法。有時候在一個展場中也會放好幾種不同物種的動物進行混種展示。

●生態性展示

這是重現該種動物原生棲息環境的展示方法，一般認為能夠減少動物的緊迫感。

從這裡繼續往下發展之後，還有讓動物能夠展現更多天性行為的「行為展示」，或是為了重現環境而連樹木、土壤、植物等都一併列入考量的「棲息環境展示」的展示手法。這是基於「景觀印象（Landscape Imagine）」的想法，把整個展示區域設計成和動物的原生棲息地一樣的空間，給入園遊客一種簡直就像是走進該動物棲息地觀察動物的感覺。

在這裡介紹的這些展示方法，雖然並不完全都有很確切的定義，不過在許多不同的動物園都個別的嘗試錯誤，在把幾種展示方法組合之後加以發展，設計出讓動物們能夠過得舒適健康的展示。這稱為「環境豐富化」或是「行為豐富化」，包含為了充實動物的圈養環境而做的努力在內，現在幾乎所有的動物園都在思考如何讓動物們生活得既舒適又安全喔。

小知識

動物園也會收容受傷或生病的動物

日本的動物園有時也會接受各地政府的請託，收容受傷或是生病的野生鳥獸（鳥類或哺乳類），稱為救傷。在檢查過救傷動物的健康狀態並下專業判斷之後，假如認為有必要，便會對動物進行治療或復健，在動物恢復健康之後，再把牠們野放回大自然，這也是動物園扮演的角色之一。不過寵物並不在此列。此外，在禽流感等傳染病流行時期，也會暫停接受救傷動物。

在台灣，行政院農業委員會自一九九二年起逐步成立保育類野生動物收容中心，以收容走私、違法飼養、不當放生的國內外保育類動物，目前全台有四處。各位讀者若是發現需要救傷的動物時，請打電話給動物保護處或各縣市的相關單位。

© PIXTA

▲因為一隻腳受重傷而被收容的大白鷺。

看一看在棲息環境中展示的動物

棲息環境展示的實際案例是什麼樣子呢？橫濱動物園Zoorasia下了許多工夫，盡可能重現各種動物在野生狀態下的棲息環境。

蘇門答臘虎

為了要施行棲息環境展示，首先要了解動物的原生棲息環境。讓我們看看蘇門答臘虎的例子。

現有的老虎有東北虎、孟加拉虎、蘇門答臘虎、馬來虎等亞種。蘇門答臘虎生活在東南亞蘇門答臘島上的熱帶雨林，體型比其他老虎亞種還小，毛相對也長得沒有那麼密。牠們是獨居動物，狩獵型態屬埋伏型。喜歡水邊，在追捕獵物時有時候也會衝進水中。

© PIXTA

▲蘇門答臘虎是肉食性的

●展示的工夫

配合棲息環境，Zoorasia 在老虎的戶外活動場種植了許多植物，而且為了讓活動場看起來像熱帶森林，還故意讓樹木和草長得很茂密。

●設施的工夫

入園遊客在蘇門答臘虎的戶外活動場看不到欄舍或柵欄，但老虎也無法從活動場脫逃。這是下了什麼樣的工夫呢？其實是在活動場周圍設置了被稱為壕溝的、又大又深達幾公尺的水池。老虎沒辦法跳過那麼遠的距離脫逃。

此外，也盡可能的將動物生活的獸舍欄杆做得很不明顯。

© 橫濱動物園 Zoorasia

▲種植著許多樹木和草，讓展場看起來很像熱帶森林。

因為要是人造物很醒目的話，會有礙景觀，但是放置真正的岩石有破裂或崩塌的危險，亦或是很難找到合適大小的石頭，所以就在活動場內設置人造的仿岩（假的岩石）。欄杆的周圍還會種植較高的植物，盡量把欄杆遮起來。

在觀察蘇門答臘虎的時候，會發現牠們經常泡在水裡，或是在樹蔭下休息。當牠們走進樹林時，身體的條紋在樹木間就會變得很不起眼，非常適合躲藏。大型的植物既可以遮蔽日光，也可以用來磨爪子，或是讓老虎在上面噴尿做標記，主張自己的領域。

© 橫濱動物園 Zoorasia

▲雖然是貓科動物，卻不怕水。

●行為豐富化的工夫

有時候會在蘇門答臘虎的附近放很粗的牛骨，這是為了不讓蘇門答臘虎感到無聊，讓牠們在進食的時候能夠花時間慢慢享受而想出來的行為豐富化方法。蘇門答臘虎會像野生老虎那樣花時間舔骨頭、啃上面的肉，還能夠把骨頭咬碎，連裡面的骨髓都吃光光。

小知識

物種是什麼？

物種是生物分類的基本單位，是具有能夠和其他動物區別身體特徵的群體。只有相同物種能夠繁衍子孫、延續物種，但偶爾在不同物種之間也會生下後代。

亞種是什麼？

在被分類成相同物種的生物之中，會因棲息地和分布場所的不同，而形成顏色或體型稍微不同的類群，稱為亞種。

黑猩猩

黑猩猩是屬於人科的類人猿，和人類的親緣關係很近。牠們以具有感情及很高的智商而知名，主要棲息於非洲西部及中部的莽原和熱帶雨林，在樹上與地上行群體生活。

在Zoorasia被稱為「黑猩猩森林」的展場中，黑猩猩是被放養在戶外活動場。這是園方在黑猩猩的原生棲息地烏干達的森林進行調查之後，試著盡可能重現該地域的場景。例如在戶外活動場中種植高度超過十公尺的

© 泉健太

▲靈長目人科的黑猩猩。

© 泉健太

▲種植一定高度的樹木。

樹木，以及將近四十種的植物。

看一看混合展示的動物們

在Zoorasia設置的許多種棲息環境展示中，有著日本動物園中唯一將肉食動物和草食動物混養在一起的四個物種混合展示區。所謂混合展示，是指在同一個場所中展示不同的物種。

在被稱為非洲莽原區的草原區，遊客觀看區域與動物所在的戶外活動場之間設置了壕溝，所以能夠看到不受柵欄隔絕的動物自然姿態。

在那裡有長頸鹿、格蘭特斑馬、伊蘭羚、獵豹一起混養生活。大家應該會擔心肉食性的獵豹會不會攻擊草食性的斑馬吧？不過獵豹具有不會攻擊體型比自己大的動物的習性，所以不用擔心。

這四種動物並不是一下子就全都放到同一個戶外活動場開始生活的，而是一種一種放入，然後讓一隻一隻動物逐漸習慣這個活動場，分成好幾個階段進行訓練之後，才讓混養變成可能。

© PIXTA

▲有長頸鹿、格蘭特斑馬、伊蘭羚、獵豹一起生活的 Zoorasia 混合展示。

也看一看其他的各種工夫

●依照不同動物所下的工夫

動物園會在餵食的方式下工夫、在活動場中設置玩具，以及為了讓動物過得活力滿滿而做各種努力。

讓我們先來看看考量到動物的生態和習性所做的一般常見的方法。在這裡介紹的措施，是許多動物園都會做的喔。

印度象

© PIXTA

▲鋪設沙子，減少對腳的負擔。

在印度象的戶外活動場設置很大的沙坑或是水池，誘發大象玩沙或泡水等行為。

狐獴

© PIXTA

▲行群體生活的狐獴。

由於狐獴是在非洲南部沙漠群居生活，所以將戶外活動場做成很大的沙地，成群圈養。有時候在餵食前會在木頭上打洞，把昆蟲的幼蟲塞進去以後再給牠們。

日本獼猴

© PIXTA

▲拉許多條繩子讓牠們容易移動。

對於在山中成群生活的日本獼猴，是重現讓牠們能夠爬上爬下的山和樹木，讓牠們能夠有類似的體驗。

●為了讓動物維持健康所下的工夫

動物園對飼養的動物原本的棲息場所和環境會進行調查研究，再加裝冷氣或是暖氣裝置等，讓牠們的生活環境以近似原生棲息地的方式進行圈養。例如在四季分明的日本，對於原本生活於熱帶的動物來說，冬天太冷；對生活於寒冷地帶的動物來說，夏天則太熱。所以對該種動物來說很難適應的季節到來，在飼養上就會幫牠們做各種改善生活環境的工夫。

怕熱的北極熊

北極熊的原生棲息地在北極圈，所以很怕熱。因此動物園會在戶外活動場設置游泳池或水池，讓牠們夏天隨時都能泡水涼快一點。在後場也會開冷氣，當天氣實在太炎熱時，還有可能會停止戶外活動。

© 泉健太

▲在水池游泳的北極熊。

小知識

如何處理動物糞便呢？

生活在動物園裡的動物既然會吃食物，當然也會排泄。雖然分量會依動物種類而有不同，不過假設成年大象每天大約會吃下一百五十公斤的食物，就會排出大約一半（七十五至九十公斤）的糞便。要是考慮動物園的整體總量，就會有非常多的大便需要處理。因此，有些動物園會跟堆肥業者合作，請他們來將動物糞便收走喔。

© PIXTA

▲大象吃的分量多，糞便的量也多。

喜歡夜晚的動物

像是嬰猴等還留有原始性特徵的猴類，或是蝙蝠、貓頭鷹等部分鳥類，都是在夜間活動的動物。由於牠們對光非常的敏感，所以會把建築物中的照明變暗來進行飼養。

容易受到氣溫變化影響的動物

體溫會依據周圍環境的溫度而有大幅度變化的兩生類或是爬蟲類，在氣溫降低時活動會變遲鈍，有些物種還會冬眠。因此，會在戶外活動場設置岩石或是小河等和棲息地一樣的空間，並且對溫度和溼度做調控，以便一年三百六十五天都能夠進行觀察。

小知識

大型動物的運輸方式

運送大象或長頸鹿等大型動物到其他動物園，需要很詳盡的運輸計畫。首先，要配合運輸動物的體型大小準備運輸箱籠。然後，為了讓動物在沒有壓力和緊迫的狀態下進去運輸箱籠中，會花時間先讓牠們慢慢的練習、習慣。這樣過了十二個星期左右，等到動物熟悉那個箱子，再使用吊車把整個箱子裝載到卡車上移動。

即使抵達成為新家的動物園，也不會馬上讓牠們跟同伴混群。通常會先單獨飼養，讓牠們習慣新環境，再慢慢讓牠們見到同伴。像這樣大型動物的搬家，既花精神力氣，也很花時間。

我想要一隻厲害的寵物

喔～牠曾在狗狗競賽中獲得冠軍啊？
那不就是名犬囉。
牠實在是一隻好狗。
胖虎竟然會說恭維話耶！
那隻狗可是很機靈的。
要是我說了牠、還是牠主人的壞話，牠一定會吠叫著想要過來咬我的。
養一隻厲害的寵物好處真多啊。
快拿「任意門」和「桃太郎丸子」出來給我。

動物園祕密列車Q&A

Q 「華盛頓公約」英文正式名稱的字首合起來，簡稱為什麼？

什麼!?你想養一隻獅子!?
你知不知道在鎮上飼養猛獸，
會帶給別人困擾的。
只要我不困擾別人不就得了？
對了，可以利用「縮小燈」把牠縮小成小狗的體型。
就算變成小狗體型還是很危險。
那就縮小成老鼠體型好了。
那更可怕。
不然就再小一點。
你不會忘記餵牠飼料嗎？
你會帶牠去散步嗎？
你會處理牠的大便嗎？
會啦。
出發到非洲去吧!!
如果能很快找到獅子就好了。
這也太快了吧！

A CITFS「Convention on International Trade in Endangered Species of Wild Fauna and Flora」（瀕臨絕種野生動植物國際貿易公約）。

動物園祕密列車Q&A

Q 別稱「貓鼬」的狐獴是貓科動物。這是真的嗎?

A 假的。雖然貓鼬這個名字裡有個貓字，但牠們是獴科動物。

※掙扎、掙扎
得小心點才行。
雖然牠體型小，但畢竟是猛獸。
對了，要把牠養在哪裡啊？
如果養在壁櫥或倉庫，
一定很快就會被發現……
那就養在天花板裡面吧！
不知道有沒有老鼠？
※發射
「清掃火箭」。
※霹哩啪啦、匡啷匡啷
它會幫我們徹底打掃乾淨的。
變得好乾淨。

Q 促進行為豐富化的主要五種方法是什麼？

這是「迷你植物的種子」。
一下子就長滿草了耶。
「人工太陽」。
シュボ
※升起
變出一片晴空了。
它真的會從東邊升起，然後往西邊落下喔。
簡直跟非洲一模一樣。
太好了，在這裡就不用擔心會運動不足了。

絕對不可以把這件事告訴別人喔。
不說就不好玩啦！
不行！
就算牠的體型再怎麼小，還是會引起騷動的。
又碰到他了。
真是一隻好狗呢。
也不過是隻狗啊！
我可是養了……
汪汪！
誰叫你多嘴啊！
雖然只要一點點飼料就夠餵牠了，
可是牠還真是小啊。
再讓牠變大一點看看吧！
絕對不行!!

只要這樣看就很兇猛了。
ウオーー
ウオーオーー
※嗚、嗚嗚、嗚
牠是不是懷念起非洲了啊？
我看差不多該讓牠回去了吧？
啊。
牠被老鼠追著跑啊。
ピカ
※照射
チュー
※吱
吼~

動物園祕密列車Q&A

Q 通稱為「華盛頓公約」的這個名稱，是來自美國第一位總統喬治・華盛頓的姓。這是真的嗎？

牠把我當成朋友耶。
讓牠在回去非洲前，
陪我們散一下步吧。
你怕大雄啊？
喂，你到底怎麼了？

A 假的。因為是在一九七三年於美國的華盛頓簽署，所以被這樣稱呼。

第3章 思考動物們的幸福生活

在〈我想要一隻厲害的寵物〉中，想要養獅子的大雄跟哆啦A夢，使用很多種祕密道具想要製造出能夠讓獅子過得舒適的環境，但是其實從好多年前開始，動物園就已經在做類似的事情了。這種整備環境、讓圈養下的動物能夠過得幸福的嘗試，就是在第二章中稍微介紹過、稱為「環境豐富化」或「行為豐富化」的措施。在這一章中，將對這件事情做詳盡的解說。

為實現圈養動物的幸福而進行的「行為豐富化」措施

「行為豐富化」是基於動物福祉，從一九八〇年代起以歐美為中心開始討論的措施。方法是改變動物的圈養環境，豐富動物們的生活內容，讓動物們得以發揮原本的習性。在進入一九九〇年代之後，世界各地的動物園紛紛開始進行各種嘗試。

日本是在二〇〇〇年左右認識這個觀念，不只是動物園而已，還有一個名為「市民ZOO Net」的團體成立，開始了推進這項措施的活動。二〇一九年六月，在京都舉辦國際會議「第十四次國際行為豐富化會議」，這是日本第一次主辦這個會議，自此對於「行為豐富化」的關注程度就變得更高了。

「行為豐富化」的舉措中，為了要整頓各種動物個別的棲息地，也就是環境，而分類出以「覓食」、「社會」、「認知」、「感覺」、「空間」為主的五種方法。從下一頁開始，會一邊舉例一邊對每種方法進行解說。在各位讀者經常造訪的動物園裡，一定也有和書中介紹的例子類似的設施或下的工夫喔。要是在這裡學到之後產生興趣，請務必到離你最近的動物園去看看，確認一下。

1 「覓食」的行為豐富化

大多數的野生動物通常都會把一天裡的大半時間花在尋找食物和吃東西上。但是，在動物園裡生活的動物，不需要花費力氣就能獲取食物，覓食時間很短，所以很容易覺得無聊。

「覓食」的行為豐富化，是為了不要讓動物覺得無聊，而盡可能提供和野生狀態或原本的生態時類似的食譜，或是下一些工夫促使動物去探索、操作的策略。

具體來說，就是在餵食的時間或次數上給予變化；食譜的內容依照日子或季節改變；改變食物的切法或是加工方法；變更放置食物的位置；把食物藏起來；給牠們生的食物等等。

例如要供給熊類或是靈長類等的食物，會用紙袋包裝後藏起來，雜食動物或是草食動物則會每次供給少量食物但增加次數，也就是增加餵食次數為有效的方法。若是大食蟻獸的話則是採行設置人工蟻塚，增加牠們使用舌頭探索的時間。要是把蟻塚弄成透明的話，也能夠幫助入園遊客理解牠們的生態，一舉兩得。

2 「社會」的行為豐富化

動物根據其習性而分為行群體生活的，或是單獨生活的。此外，還有雌雄之間的行為，再加上與他種動物之間的複雜關係等等，每個物種都會有其各自不同的生活型態。「社會」的行為豐富化，是整備生活環境，嘗

© 泉健太

▲有時候會在大食蟻獸的展場設置人工蟻塚。

試讓動物們能夠盡量依照牠們原本的習性生活。對於群體生活的動物，不單單只是圈養複數個體而已，有時還要讓群中的雌雄數量及年齡組成也跟野生狀態相似。因此為了要做這樣的行為豐富化，就必須了解同種動物在野生狀態時的生活方式。經常到野外進行觀察，或是從文獻中蒐集情報等都是不可或缺的努力。有時候還要跟野生動物的研究者合作交換情報，這些都很重要。

© PIXTA

▲行群體生活的狐獴，有時也會形成複數的狐獴群。

3 「認知」的行為豐富化

對於類人猿或是猴類來說，使用頭腦是「認知」的行為豐富化。設置複雜動作的玩具，或是導入遊具，誘導出動物的興趣增加活動量等，都是認知行為豐富化的例子。此外，也有些地方的保育員或研究員會進入室內展場進行認知實驗呢。

提供的玩具和遊具，從新鮮的枝葉或乾草、花朵和沙土等天然物品，或是輪胎、球、各式各樣的塑膠製品等人工物品都有。但是由於動物多半很快就會玩膩，所以在物品投入的時間、時期和方法等都必須要經常做變化。

除此之外，對於日常性會築巢或是準備睡覺場所的動物，也會在展場內提供多種多樣可以當成素材使用的物品，以促使牠們做出這些行為。

▲使用工具的黑猩猩。 © PIXTA

4 「感覺」的行為豐富化

野生動物為了要尋找食物、繁衍子孫或是保護自己，在日常生活中總是會讓自己的五感（視覺、聽覺、味覺、嗅覺、觸覺）保持靈敏。但是在動物園中既沒有天敵，也不需要覓食，失去了讓五感保持靈敏的必要性，很容易就不去做原本天生會展現的行為。因此園方會在展場中加上其他動物的氣味，放置天敵動物、異性動物的糞便，或是播放其他種動物群的聲音等等，製造出這些刺激五感的對策，就是「感覺」的行為豐富化。

© 柴崎 Hiroshi

5 「空間」的行為豐富化

設置樹木讓通常在樹上生活的小貓熊或樹懶等動物能夠自由到靠近遊客的樹木去。像北極熊這樣會使用水的動物，就幫牠們建造游泳池或水池等，製造讓牠們能夠發揮動物行為特性的空間。這就是「空間」的行為豐富化。只不過，想要進行這類型的行為豐富化，通常規模很大而且非常花錢。所以需要非常理解各種不同動物的特徵，慎重的計畫並實行。

© PIXTA

▲在梯子上行走的小貓熊。

動物報恩藥水

與平幫白鶴治療傷口，
當晚來了一位美麗的女子，說要當與平的新娘，原來她就是鶴的化身。
新娘子還織了美麗的布幫助貧窮的與平。
※白鶴報恩
眞好！以前的故事像夢一樣。
嗯。

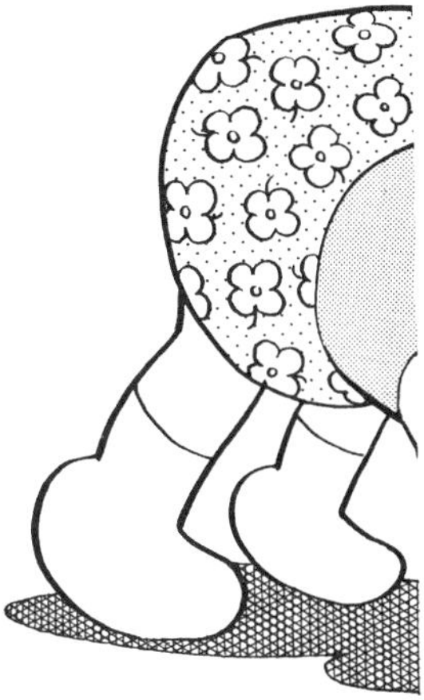

動物園秘密列車Q&A

Q 亞洲黑熊胸前的白色紋路一輩子都是一樣的。這是真的嗎？

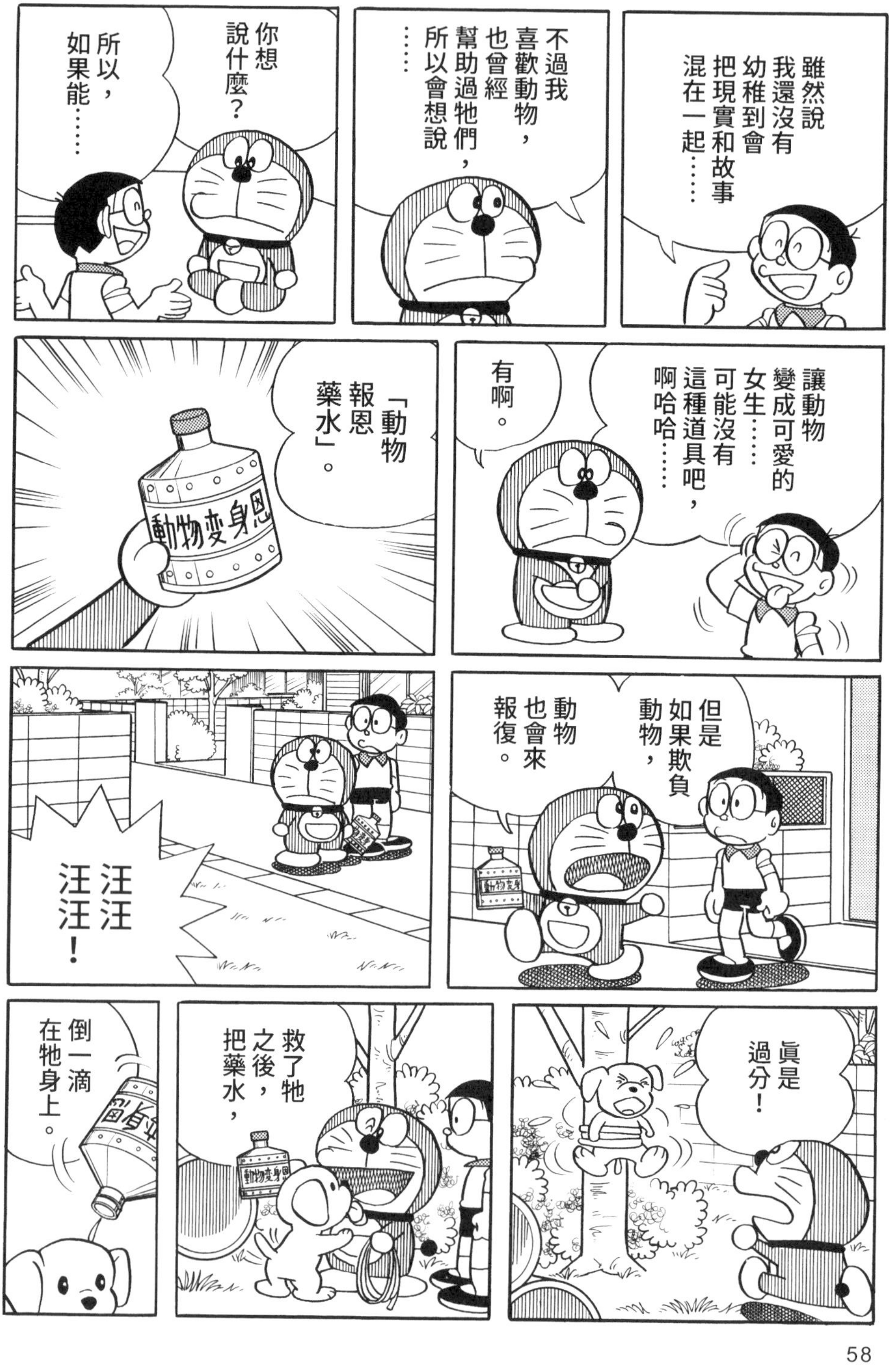
雖然說我還沒有幼稚到會把現實和故事混在一起……
不過我喜歡動物，也會經幫助過牠們，所以會想說……
你想說什麼？
所以，如果能……
讓動物變成可愛的女生……可能沒有這種道具吧，啊哈哈……
有啊。
「動物報恩藥水」。
動物変身恩
但是如果欺負動物，
動物也會來報復。
汪汪汪汪！
眞是過分！
救了牠之後，把藥水，
動物変身恩
倒一滴在牠身上。

A 真的。從出生之後一直都一樣，而且每隻個體的紋路都不同。偶爾還會有胸口沒有紋路的黑熊呢。

※汪汪
ワン
ワン
是大雄搞的鬼吧！
謝謝！
報恩後就變回原形。
哪裡有可憐的小動物呢？
喵哇哇～
太可憐了！
快把藥水……

Q 熊科動物是肉食的，這是真的嗎？

A 假的。牠們是以植物為主食的雜食性動物，不過北極熊主要是吃海豹和海鳥等。

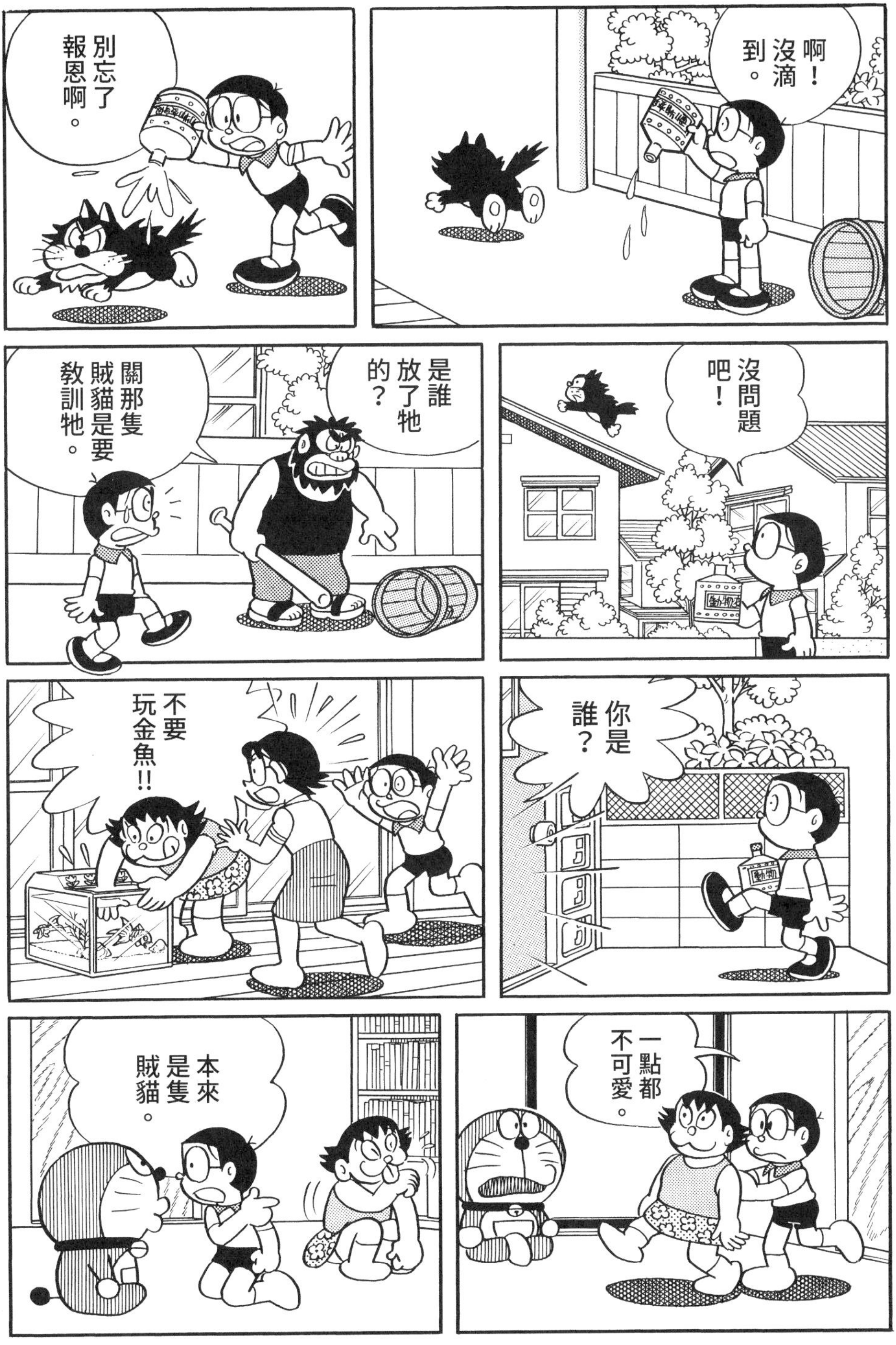

Q 在動物園裡被稱為後場的場所是什麼樣的地方？

A 是動物們休息睡覺的場所，以及保育員作業的空間。

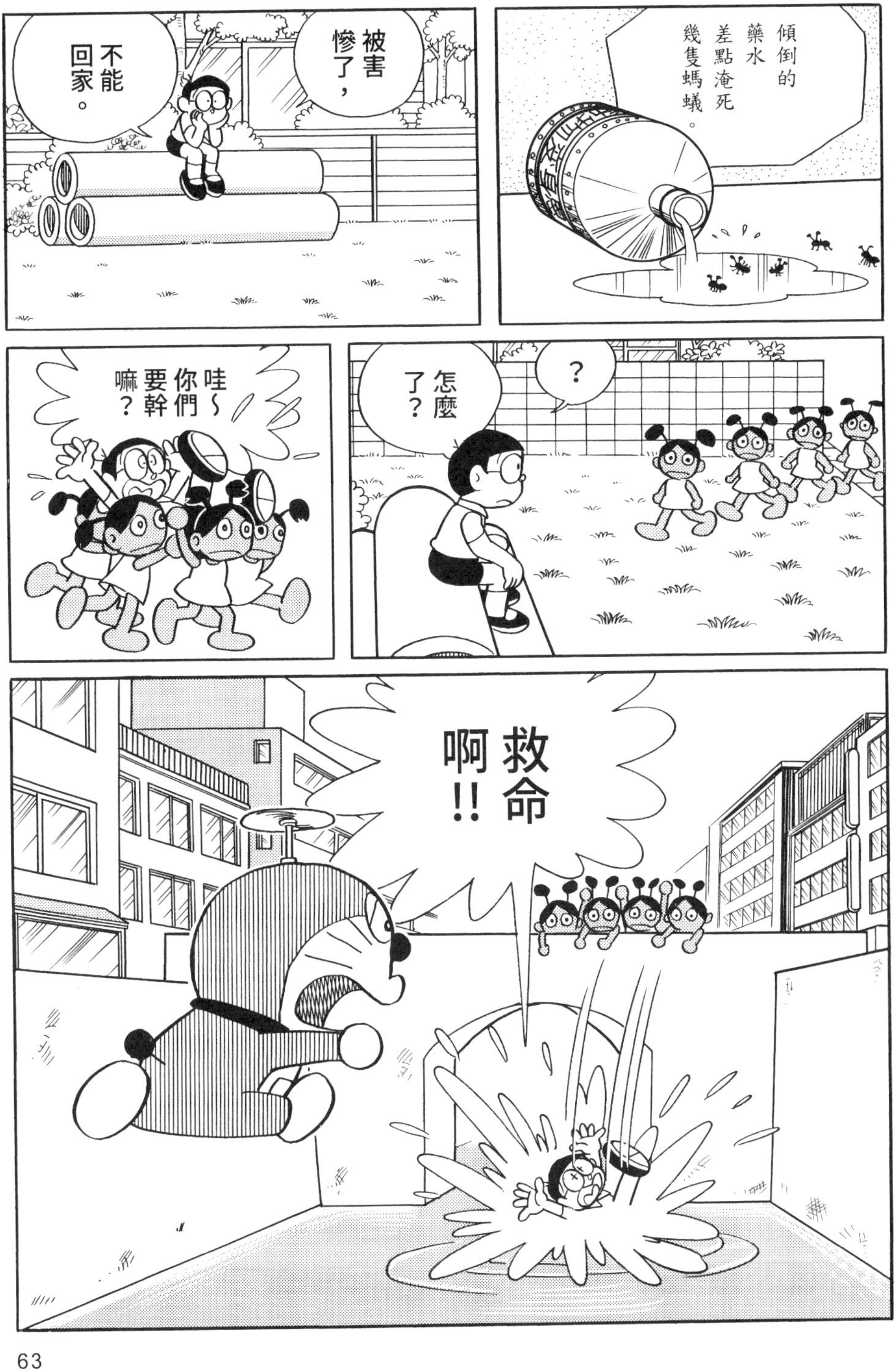

傾倒的藥水差點淹死幾隻螞蟻。
被害慘了，
不能回家。
？
怎麼了？
哇～你們要幹嘛？
救命啊!!

第4章 認識動物園的後場

動物園關園後，園裡的動物都在做些什麼事呢？真想知道牠們是什麼時候睡覺的呢。此外，在春、夏、秋、冬四季分明的日本，動物們的生活方式會不會依照季節變化而有所不同？在這一章中，將會對這些疑問進行說明。

展場後面的房間長什麼樣子？

為了讓造訪動物園的遊客能夠觀察動物，白天時，會讓動物們待在稱為「戶外活動場」（在日本稱為「運動場」）的展場空間。到了傍晚，動物們就會回到位於展場後方的後場（日本稱為「寢室」）去。後場的英文是「backyard」，是個通常不對外開放的空間，遊客是無法進入的。

假設動物的狀況不太好，要是還讓牠們繼續待在戶外活動場的話，觀看動物的人類視線就會變成壓力，讓動物們有緊迫感。這時通常會讓牠們在後場休息。即使說是後場，也有各種不同的形式。有些動物園會把戶外活動場與寢室之間的空間當作後場，這是因為各種動物對空間的需求不同，會依照牠們的習性準備不同的房間。此外，後場除了是動物們休息的寢室之外，也是保育員作業的空間喔。

●給保育員的空間

保育員進行作業的後場空間，放著保育員平時工作，以及用來打掃戶外活動場和後場的工具，另外還有對動物進行健康管理、照顧牠們所必要的各種工具。同時，也是準備食物的作業空間。

▲根據不同的動物，準備各種不同的食物。

給動物用的後場空間

霍加狓鹿

為了讓霍加狓鹿即使撞到牆壁也不會受傷，牆壁的表面並不是水泥，而是用木材包覆住。

北極熊

悠哉休息的北極熊。

古氏樹袋鼠（*Dendrolagus goodfellowi*）

到日本來的動物並不會立刻公開展示，而是在動物醫院進行檢疫之後，繼續在後場觀察一陣子。

© 橫濱動物園 Zoorasia

動物園關園之後，動物們在做些什麼？

動物園通常在傍晚天色變黑之前便會關園。關園後，大部分的動物就會進去後場，吃東西之後休息或是睡覺。

動物們有各自的睡眠時間，舉例來說，大象的睡眠時間不長，大約只有四個小時，所以晚上會走來走去。另一方面，黑猩猩的睡眠時間與人類差不多，大約為九個小時，所以在夜間會睡得很沉，一樣在早上醒來，白天活動。

附帶要說的是，以前即使是夜間時段也會有保育員輪流睡在動物園裡，或是會有上夜班的保育員來照顧動物。不過近年來，圈養飼育的技術提升，飼育知識也逐漸累積，再加上監視器等警備系統的機械發達等，保育員幾乎已經不會在動物園裡面留宿了。現在大概只有在動物生產或是生病等擔心牠們身體狀況時，或是在對動物寶寶進行人工哺育，隨時都得注意的時候，保育員才會在動物園過夜。

夜行性動物們，在關園後又是如何呢？

像是蝙蝠或貓頭鷹這類夜行性動物，在白天靜靜不動，到了天色變暗時才開始活動。

不過，這些動物當中也有些個體適應了動物園生活，變得和棲息在野外的同類不同，即使白天也會活動。

© 橫濱動物園 Zoorasia

▲夜行性的貓頭鷹在白天也會活動。

動物們的展示方法，會依季節而做變化嗎？

在四季分明的日本，動物園會配合動物各自的原生棲息地氣候，在動物欄舍下工夫讓牠們能生活的舒適，例如冬天時會在熱帶動物的欄舍設置暖氣等設備。但是就像原本生活在寒冷北國的人類搬到南國居住之後，會逐漸習慣當地氣候一樣，動物們也是出乎意料的有著很好的適應能力，能夠在與原本生活的氣候帶不同的區域生活。

所以雖然長頸鹿和獅子都是出自非洲，在日本的動物園中，冬天也會照常到外面去活動、度過每一天。總而言之，就是「氣候的適應」。

原本棲息在寒冷地區的動物也是一樣，原生棲息地在北極圈的北極熊，即使氣溫遠比不上北極那麼低，也能夠靠著陰影遮蔽或使用冷氣來度過夏天。

不過原生棲息地在南極的企鵝們，在夏天時會搬到氣溫很低的冷藏室去生活。棲息於非洲大陸附近島嶼的陸龜則很怕冷，為了要讓身體保持溫暖，會在展場中加裝暖氣。

會冬眠的動物們又是如何生活的呢？

會冬眠的代表性動物有蛇、烏龜、青蛙等爬蟲類和兩生類。牠們是體溫會依照周圍溫度而改變的變溫動物，在氣溫下降的冬季會因體溫降低而無法活動，所以牠們會冬眠。除此之外，也有一部分的哺乳類會冬眠，例如有幾種熊會在體溫只降低二至三度的狀況下冬眠。

不過生活在動物園裡的熊有充分的食物和溫暖舒適的獸舍，所以幾乎都不會冬眠。因此，部分動物園會特地降低展場的室溫、不餵食動物，讓牠們能夠進入冬眠狀態，並加以展示。東京的上野動物園中，就有著讓日本黑熊可以冬眠的房間喔。

© 橫濱動物園 Zoorasia

▶動物園的熊類以不冬眠的居多。照片中的是日本黑熊。

蛋中的靜香

※惱怒
クルッ
什麼嘛，竟然聊得那麼開心。
跟你說的不一樣!!
什麼事？
靜香以後不是會成為我的新娘嗎
那剛剛那個情景又是怎麼回事?!
又不是我的錯。

未來也是有可能會改變的啊。
你再這麼不長進，說不定就會被出木杉搶走了⋯
求求你幫幫我啊!!
你只要好好唸書、努力運動，成為一個不輸給出木杉的好男人就好啦。
你覺得我做得到嗎？
⋯⋯
我竟然睜眼說瞎話⋯⋯
「鶵鳥情結蛋」。
你知道「鶵鳥情結」嗎？
我想你也不可能會知道。

動物園祕密列車Q&A

Q 大型動物園的內部就設有動物醫院。這是真的嗎？

某些品種的動物⋯⋯尤其是鳥類的小孩，在剛出生時，會把第一眼看到的東西當成自己的「媽媽」，而有追隨對方的本能。

一般蛋在孵化的時候，身邊通常一定會有母鳥在守護，所以沒什麼問題⋯⋯

可是根據實驗結果，在蛋孵化之後，第一眼看到的任何東西，就算是玩具鳥或人類，
都會被當成「媽媽」。這種現象就稱為「鶵鳥情結」。
同樣的道理……
カチ
※喀喳
パカ
※啪喀
只要靜香進去蛋裡，
蓋上蓋子…
再設定好時間，十五分鐘後蓋子就會打開……
到時候只要讓她第一眼看到你，
靜香就會喜歡你喜歡得不得了。
哇！
就這麼辦吧!!
靜香~
你已經是我的了。

A 真的。在橫濱動物園Zoorasia，園內就有可以進行治療的動物醫院。

Q 要成為動物園的保育員，需要特別的資格。這是真的嗎？

A 假的。各個動物園雇用的方法不同，有時候需要某些資格，有時候則沒有規定。

這要怎麼用？
啊～你不要亂摸啦。
パカ
※啪喀
原來要坐進來啊？
他進去了啦。
經過十五分鐘之後……
只要胖虎出來看到你的話……
就會喜歡你喜歡得不得了！
這樣太可怕了啦～
パカ
※啪喀

動物園祕密列車Q&A

Q 目前認為哺乳類動物大約有多少物種？①一千五百種 ②六千種 ③一萬五千種。

A ②大約六千種。依照研究者的不同，數量也會有差異。

把靜香帶到這裡來，再讓她進入這個蛋裡面。
要怎麼做？
這就要靠你來想辦法啊!!
再見囉。
※吸入
ズボ
「直達洞穴」。
雖然我不是很想這樣……
只要等十五分鐘就行了吧！
對了，她要是先看到哆啦A夢就糟了，你去別的地方吧！
好啦。

動物園祕密列車Q&A

Q 對於動物我們還有很多不知道的部分，所以分類也會改變。這是真的嗎？

A 真的。例如大貓熊以前被分類在貓熊科，現在則被分類成熊科。

第5章

在動物園裡工作是什麼樣子？

只要去過動物園，就會知道那裡有許多的工作人員吧？像是照顧動物讓牠們能夠健康有活力的保育員，還有為了讓入園遊客能夠舒適的逛動物園，並且能在在各種野生動物的世界中悠遊，許多人負責著各種不同的工作。在這一章節中，我們來看看在動物園工作的人吧。

要撐起一座動物園，需要做許多的工作

●與飼養動物相關的工作人員

為了要照顧各個活生生動物的日常生活所需，保育員對動物園來說是不可或缺的人。除了餵食動物、打掃動物欄舍等每天一定要做的照顧工作之外，將動物各種有趣的小細節傳達給入園遊客知道，也是他們很重要的一項工作。

此外，從旁協助動物的繁殖行為，進行物種保存也是重要的工作項目。而每天一邊照顧動物一邊進行的行為記錄，則會成為研究動物的寶貴資料。

© 泉健太

▲一邊餵食動物，一邊對入園遊客進行解說，保育員的工作內容非常多樣。

與動物的疾病預防、救護、治療相關的工作人員

獸醫師要做的工作非常的多，除了動物們的疾病預防與治療之外，也會對因受傷或生病而被送至動物醫院的野生動物進行救傷等等。此外，「檢疫」也是獸醫師的重要工作之一。對初次進到動物園裡的動物，分析牠們的血液和糞便，檢查其中是否有病毒或細菌、寄生蟲等，避免傳染給動物園內的其他動物。關於獸醫師，在接下來的第六章中還有更詳細的介紹喔。

© PIXTA

▲關於獸醫師的工作，請參照第六章。

與行銷宣傳相關的工作人員

為了讓更多人對動物園或動物產生興趣，工作人員需做行銷宣傳，讓民眾能重複造訪動物園，或是舉辦像夏令營之類的活動企劃等，這些活動需要和保育員共同合作。具體來說，為了要做公關宣傳，必須定期性的發布動物園訊息等相關新聞稿，或是擔任動物隨客問、園內導覽解說等。此外，還要擔任動物園內活動志工的協調工作等等，工作內容也是非常多樣。

▼巨大糞便展。展示動物糞便的教育活動，這也是行銷宣傳的工作之一。

※巨大糞便展

© 泉健太

與服務或販賣相關的工作人員

對入園遊客進行直接服務的人員，具體來說，銷售門票、園內巴士（遊客列車）的乘車券、園內商店內商品或紀念品的販售、園內餐廳的餐飲服務等，都是他們的工作內容。此外，還有處理入園遊客意外的員工，例如入園遊客迷路、掉東西、身體不舒服等狀況的應對，全部都要處理。

志工

在動物園裡服務的不只有職員和員工，有些動物園還會有無償工作的志工群幫忙。雖然服務內容會依動物園而有所不同，但通常志工主要負責動物解說或遊客服務。動物解說是在動物觸摸區給予建議，告訴遊客安全抱動物的方法，或解說動物特徵等。遊客服務則是以介紹設施、發放動物園地圖，或是在動物園舉辦活動時予以協助等工作為主。各個動物園有時也會招募志工，有興趣的朋友可以注意一下。

園長

動物園位階最高的負責人，是全園的核心，處理並許可各種事務。

該怎麼樣才能成為動物園的保育員？

在動物園的工作之中，保育員可能是大家最有興趣的工作。在日本，保育員的招募甄試，有時會出現高於錄取名額一百倍的人來參與，競爭相當激烈。雖然通常不需要特別的資格，不過若是想被公立動物園雇用的話，基本上需要通過公務人員考試。有時候，還會再加上具有「動物相關科系的大學文憑」或是「從動物相關科系的專科學校畢業」等報名資格條件。如果想要在動物園從事保育員工作，為了要符合上述的報名相關資格，進入動物相關或是畜產相關的大學科系或專門學校就讀會比較有利。

但是保育員的工作職缺不一定每年都有，如果沒有空缺，幾乎都不會招考新人。

若是想要成為保育員，平時就必須伸展觸角，隨時收集相關資訊。可以從學生時代就開始經常參加動物園舉辦的動物觀察活動或演講、成為動物園相關團體的會員等，就能夠有更多機會掌握招考資訊。如果是公立動物園，行政單位的文宣品也會刊登相關資訊喔。

© PIXTA

▲想要成為保育員，就有必要學習和動物相關的知識。

插圖：© 柴崎 Hiroshi

唯命是從帽

到底是誰丟的啊？
請收下這個東西！
我接收了！
啊～真貪心。
汪！
嗯汪嗯汪～
這不是胖虎家的酷哥嗎？
要的話就送你。
送我？
就是因為牠不聽話，所以才把牠給丟了。既然你撿了牠，就得負起責任。
ピシャ
啊嗚。
※關門

Q 由人類養育動物寶寶的過程稱為什麼？

※沮喪
雖然牠老愛狂吠又討人厭，
不過現在這樣還真是可憐呢。
クシュ
我們來訓練牠學會聽話好了。
只要牠變成乖狗狗，胖虎也許還會想養牠。
這是「唯命是從帽」。
只要戴上這個下任何命令……
戴上另一個的就會聽命行事。而且絕對不會反抗。
起立。
ピョコ
※站起
繞圈！
グル
グル
※轉、轉
趴下！
咦？牠都會做嘛。
ピタッ
※啪嗒

A 人工哺育。當親代無法照顧寶寶，或是動物寶寶有生命危險時，就會由獸醫師及保育員協助養育。

只要是我做得到的，我都會做啊。
連話都會說了!?
那傢伙不是叫我學貓叫，就是叫我跳肚皮舞，
老是叫我做一些辦不到的事。
狗怎麼可能學貓叫啊!?
開什麼玩笑！王八蛋！
牠的用詞粗魯，倒滿像飼主的。
牠只餵我一些小魚乾頭。
而且也不帶我去散步。
可是，我還是喜歡那傢伙。誰叫他從小把我養到大呢！
明明他小時候就很疼我啊……
嗚哇。
真可憐。
都是胖虎的錯！
好！
看我的！
我幫你去跟胖虎說。
這才對嘛。狠狠的罵他一頓啊!!

不過，這帽子還真有趣耶。
好想再多試試其他動物喔。
狗和貓都太平常了，一點也不好玩
來試試獅子好了。
……
……
!
靜香，最近有什麼大新聞嗎？
比如說，有獅子從動物園跑出來之類的……
沒有吧？
我想也是。
獅子哪可能那麼容易就遇到啊？
哪可能……
是真的？
奇怪？

動物園祕密列車Q&A

Q 在人工哺育動物寶寶的過程中，有時候會使用奶瓶。這是真的嗎？

A 真的。會使用人類或寵物用的奶瓶，或是自己動手做適用的。

吼！！
呀啊！別追我啊!!
好啊。
起立。
ピョコ
※站起
繞圈！
再快一點，再快、再快。
怎麼樣？嚇一大跳吧？
接下來更有看頭喔。我要和獅子來場摔角大賽！
你要輸我喔。
好啦。

動物園祕密列車Q&A

Q 在動物園裡為了檢查動物的健康狀態，有時候會進行採血。這是真的嗎？

真的。會以注射用的針刺進去抽血，但根據動物的物種，有時候會是危險且困難的作業。

動物園祕密列車Q&A

Q 和人類一樣，有時候也會幫動物拍攝X光照片。這是真的嗎？

A 真的。會為了檢查或治療而幫動物進行X光攝影或麻醉。

我要開動了。
哆啦A夢~
啊!
等等……
我想到了!剛剛還在想怎麼好像缺了什麼……
如果沒塗番茄醬,我吃不下去。
有番茄醬嗎?
剛好用完了。
去買回來。
別想逃跑喔。
逃也逃不掉吧!?
誰叫我戴著這種東西呢。

動物園祕密列車Q&A

Q 為了幫動物進行麻醉,獸醫師有時候也會使用吹箭。這是真的嗎?

A 真的。會使用裝了麻醉藥的吹箭式注射器。

幸好用「縮小燈」才把牠抓住，
可是為什麼獅子會出現在這種地方啊？
啊，那隻獅子原本是我們家養的，可是長太大了，所以我就把牠丟掉，要的話送你好了。
哪有這麼不負責任的飼主啊？跟我到警察局來一趟。
對不起啊。我以後會好好對你的。

探索！

享受閉園後的動物園夜晚——「夜間動物園」&「Dreamnight at the Zoo」

許多動物園每年都會舉辦期間限定的「夜間動物園」（Night Zoo），讓遊客可以在晚上到動物園參觀，觀察動物們在夜晚都做些什麼。由於這是很難得的機會，能夠讓大家看到平常看不到的動物樣貌。如果你還沒有參加過的話，請一定要來一次看看。在日本是以暑假期間舉辦居多，這類資訊都會在動物園的官網公開，有興趣的話，可以多加留意。

夜間動物園的參觀活動不只限於日本，還有全球性的「Dreamnight at the Zoo」這種在世界各地舉辦的活動。最早是一九九六年荷蘭的「鹿特丹動物園」為了招待罹患癌症的病童及其家屬所舉辦的活動。在那之後，成為世界各地動物園邀請慢性病童與殘障兒童及其家屬們，讓他們能夠在閉園之後悠哉參觀動物園，並認識動物的主題活動。必須在閉園後的夜間舉辦的原因在於，白天時他們可能會因為人太多而容易感到疲倦，無法自在安靜，但是在閉園之後，他們就能夠隨著自己的步調享受逛動物園的樂趣。如今這個活動在世界各地有越來越多的動物園響應。

橫濱動物園Zoorasia是日本最早開始舉辦這項活動的動物園。有時候活動會舉辦在閉園後的白天，並且將名稱改為「Dreamday at the Zoo」。

臺北動物園於二〇〇五年開始舉辦「Dreamnight at the Zoo」活動，是全球第三十九個響應的動物園，還曾經於二〇一四年九月首次舉辦在白天邀請視障朋友的活動，並將活動名稱改為「Dreamday at the Zoo」。

© 橫濱動物園 Zoorasia

▲夜晚能觀察平時看不到的動物樣貌。照片是黑犀牛東部亞種。

第6章 了解動物園獸醫師的工作

家中的寵物如果生病了，大家都知道要帶去給獸醫師治療。那動物園的獸醫師都做些什麼呢？動物園的獸醫師對於應該如何讓動物園裡那麼多動物活得健康長壽，每天都會一邊和保育員討論、一邊工作喔。讓我們仔細來看一看。

寵物與家畜的獸醫師，和動物園的獸醫師有何差別？

動物園的獸醫師和診治寵物或家畜的獸醫師有哪裡不同呢？

雖然在動物生病或是受傷時進行治療的部分是一樣的，不過動物園獸醫師需要治療的動物種類相對多出很多。動物園裡的動物種類繁多，包括哺乳類、兩生類、爬蟲類等等，世界各地的動物都聚集在動物園中。動物體型也從小型到大型都有，真的是五花八門。所以治療方法當然也要依照各種不同的動物做調整，非常的困難且辛苦。

此外，動物園裡的動物大多數都是野生動物，這一點也跟以診療寵物為主的獸醫師大不相同。即使是誕生於動物園裡的動物，也不是能夠隨便觸摸或馴化成像人類馴養的寵物那樣溫馴。動物園裡的動物，介於野生動物與寵物之間。

正因如此，大多數的醫治其實是以不清楚治療方法的案例居多，所以動物園的獸醫師每天都要一邊觀察一邊研究、改良治療方法。

再加上野生動物都有隱藏自己不舒服狀態的習性，因為如果讓敵人發現自己的健康狀況不佳，就有被攻擊的危險。所以隨時觀察動物的狀態是獸醫師非常重要的工作。

為了要建立彼此間的信賴關係，讓動物知道自己不是敵人，讓動物們記得自己的長相等等，對獸醫師來說非常重要。另外，為了要了解每一隻動物的個性和生活習性，經常和保育員交換資訊也是很重要的事。

© PIXTA

▲在診療寵物的動物醫院和診療野生動物的動物園中，獸醫師的工作內容是不一樣的。

動物園如何幫動物進行治療？

大型動物園的園區內會設有動物醫院，在那裡幫動物進行治療或手術。人類的醫生通常都會依照專長領域分成各種專科醫生，但是動物園的獸醫師不論是內科、外科、牙科、耳鼻喉科全都一手包辦，而且連調配藥劑的藥劑師工作，還有X光技師的工作也都要做。獸醫師的人數，會依照動物園的規模增減，如果是大型動物園的話，通常會有好幾位獸醫師。

動物的診療方法和人類一樣，獸醫師每天都會巡視園區內動物，確認牠們是否健康，檢查牠們有沒有受傷，然後用聽診器聽診、採血或拍攝X光進行診斷。

除此之外，在必要的時候還要進行治療或是動手術。當動物受傷而有動手術的必要，或是生重病的時候，也會讓動物住院。住院的動物接受治療恢復健康之後，會先把牠們送回後場的欄舍，一邊觀察牠們的狀態，再一邊慢慢的讓牠們回到戶外活動場。當動物罹患棘手疾病時，世界各地的動物園獸醫師也經常會彼此聯絡，互相討論動物的治療方法。

進行治療時，有時必須幫動物做全身麻醉，或是壓制動物讓牠們不亂動（保定）。野生動物非常討厭被觸摸身體，所以為了要讓動物習慣，保育員也會做「動物訓練（Husbandry Training）」。這是為了讓動物在不麻醉或保定身體的狀態下，也能夠進行治療或採血的訓練。像大象等大型動物，要進行保定是很困難的，但全身麻醉又有相當程度的風險，所以為了替未來的需要做準備，平時就會訓練動物，以便讓動物能夠主動的將身體交給我們。

治療時使用的工具，除了聽診器和體溫計等這些在人類的診療上也會用到的既有工具之外，也會配合動物的身體型態或生態，使用獸醫師自己動手製作的工具。有時候就連讓動物住院的病房也都是自己動手做的。醫療器材與藥品等醫療技術日新月異的不斷進步，獸醫師為了要維持動物們的健康，需要隨時更新資訊，發揮創意進行治療。

另外，讓動物乖乖吃藥其實也是一件需要下很多工夫的工作。幾乎所有的動物都討厭苦苦的藥，所以會配合狀況把藥片、藥粉、糖漿等混在食物裡讓牠們吃下去。只不過聰明的動物經常會看穿獸醫的手法，所以獸醫師經常會為了該把什麼藥混到哪種食物裡面才能夠蓋住藥味而大傷腦筋。

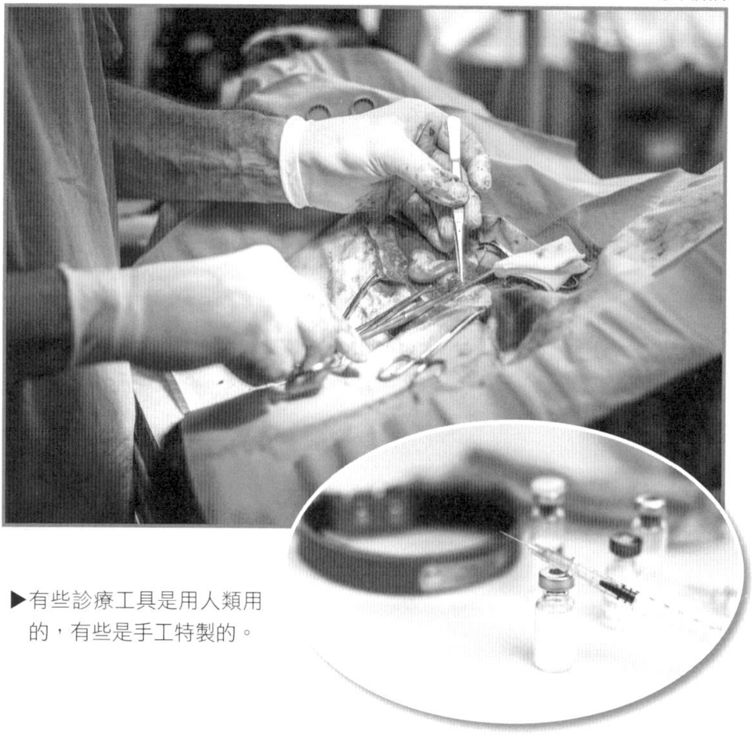

▶動物動手術時和人類一樣，有必要做全身麻醉。

▶有些診療工具是用人類用的，有些是手工特製的。

該如何成為動物園的獸醫師？

要成為獸醫師，在日本必須在大學的獸醫學院或獸醫系就讀六年（台灣的獸醫系是五年），然後參加獸醫師國家考試並合格才行。在大學裡學習動物的身體結構、疾病與藥物，以及與動物相關的法規等各種知識。經過這樣的過程取得獸醫師資格，再通過動物園的獸醫師甄試之後，才能夠成為動物園的獸醫師。

只不過，縱使在大學裡讀了六年、通過國家考試取得了獸醫師資格，對動物園的新進獸醫師來說，診療動物園裡的野生動物還是充滿了各種的第一次。從接近動物的方式開始，到知道牠們究竟罹患什麼樣的疾病、該如何給牠們吃藥、是不是有辦法檢查或是治療，都會依照那位獸醫師遇到的病例而有所不同，於是就總是處於不停嘗試錯誤的狀況。也因為如此，他們會積極的和獸醫師前輩或大學教授合作，討論治療的方法。為了維持動物們的健康，平時常常和保育員交換資訊也是必要的。所以獸醫師這個工作，適合不光只是具有知識，也具備和其他人溝通能力的人。

© PIXTA

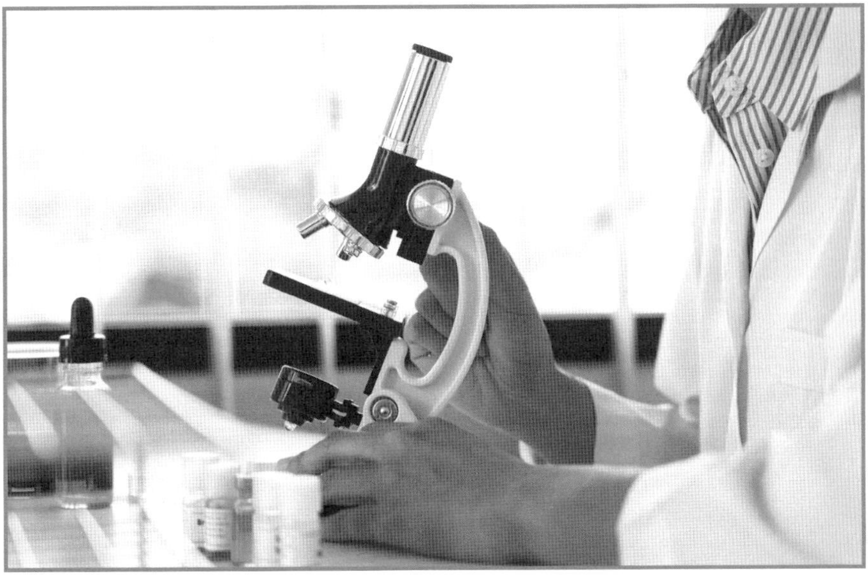

▲要成為獸醫師，必須通過國家考試合格才行。

獸醫師的工具介紹

讓我們看看動物園的獸醫師平時在進行治療時會使用到的工具。雖然會根據動物園的規模而有不同，不過都會用到許多工具。

動物醫院專車

在大型的動物園中，會有專用的車輛（救護車）載運動物，或是裝載治療必須的工具。有時候也會使用自行車或是機車。

無線電

保育員和其他的獸醫師彼此聯絡時使用。

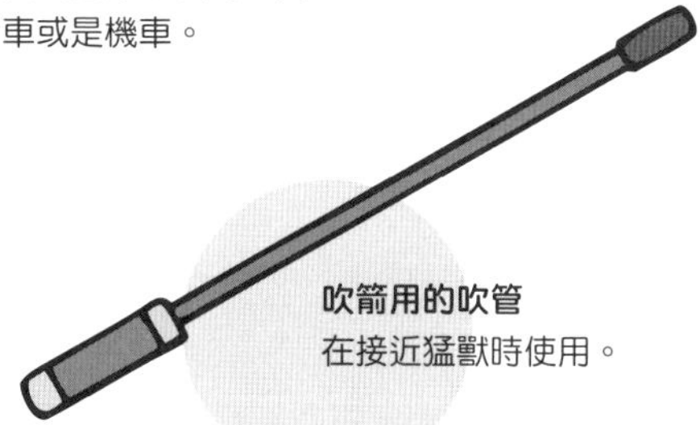

吹箭用的吹管

在接近猛獸時使用。

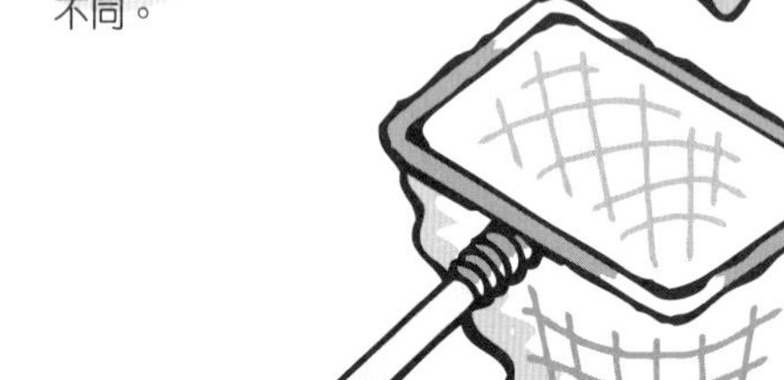

麻醉槍

根據動物的大小，使用的麻醉藥量也不同。

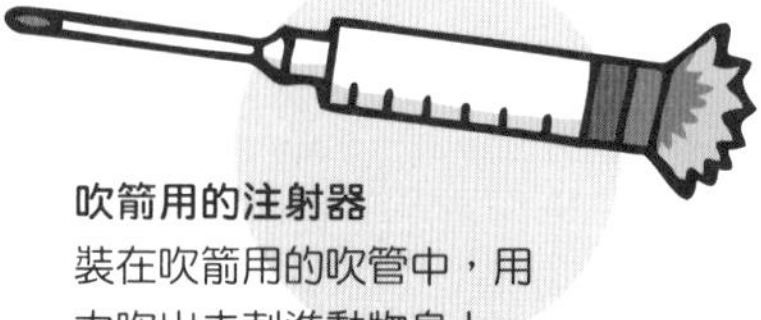

吹箭用的注射器

裝在吹箭用的吹管中，用力吹出去刺進動物身上。

網子

在捕捉動物時使用。會依照動物的種類而使用不同大小和材質的網子。

老虎鉗
把針裝到麻醉槍上
時使用。

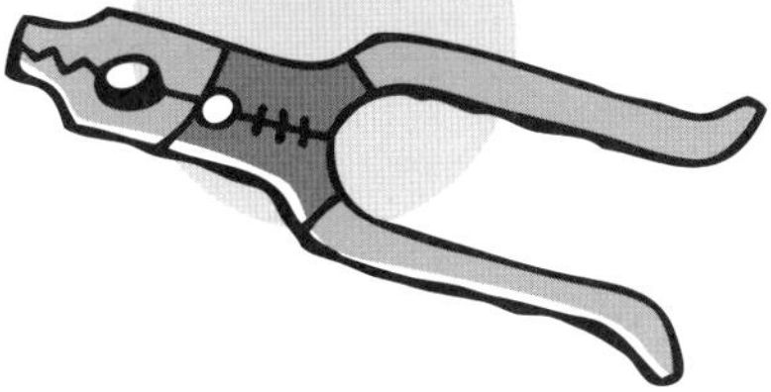

樹枝剪
用來剪取動物四周
的草木餵食動物。

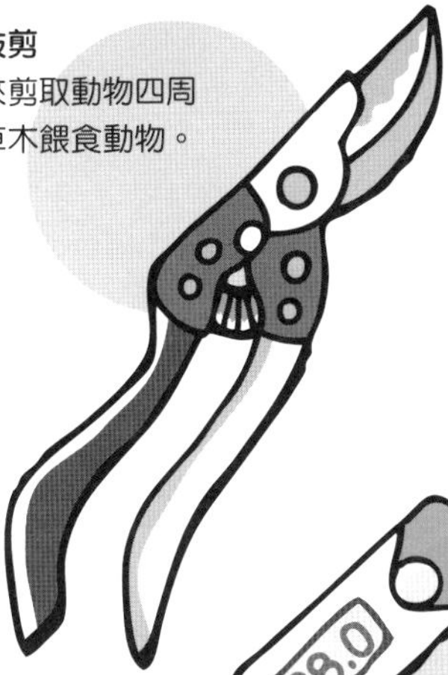

體溫計
測量動物的
體溫。

鑰匙
動物欄舍的鑰匙。

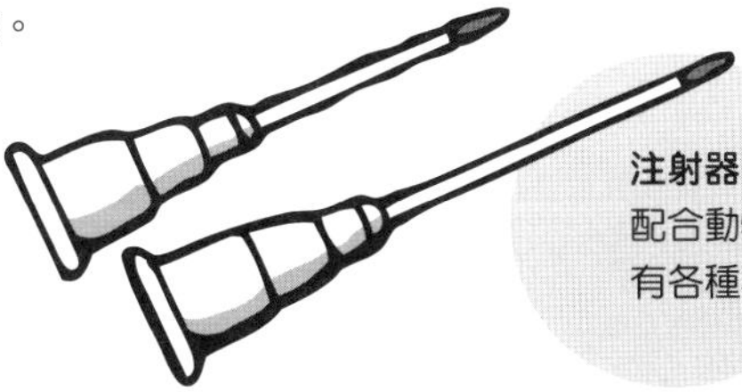

注射器（針筒）的針
配合動物體型大小，
有各種不同的種類。

注射器（針筒）
採血或是注射藥物用。

照相機
拍攝動物的
狀況。

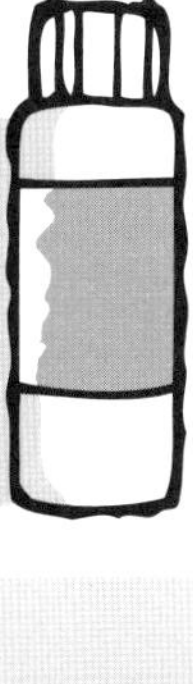

消毒藥劑
在進行治療前消
毒工具和手。

筆記本和筆
用來記錄治療
的經過。

統統做成布偶

我去買冰。
要快點喔！
好可愛……
你喜歡海獺布偶？
對啊！
TOY
我一定要買，零用錢全存起來。

動物園祕密列車Q&A

Q 動物園餵給動物吃的食物是人類吃剩的。這是真的嗎？

A

假的。保育員會依照動物的需求加以調整，給予新鮮的食物。

你存的錢還你。
到底是怎樣？
布偶!?
我反而覺得很對不起靜香。
這種事情早說嘛！
「填充玩具烤箱」。
和「填充玩具外皮及填充物」。
任何東西，都可以做成布偶。
先從銅鑼燒開始。
噴上外皮。
プシュ
立刻成形。

※呲呲

動物園祕密列車Q&A

Q 無尾熊的主食是什麼？①竹葉 ②蔬菜 ③尤加利樹的葉子。

A

③尤加利樹的葉子。無尾熊主要是吃尤加利樹的葉子。

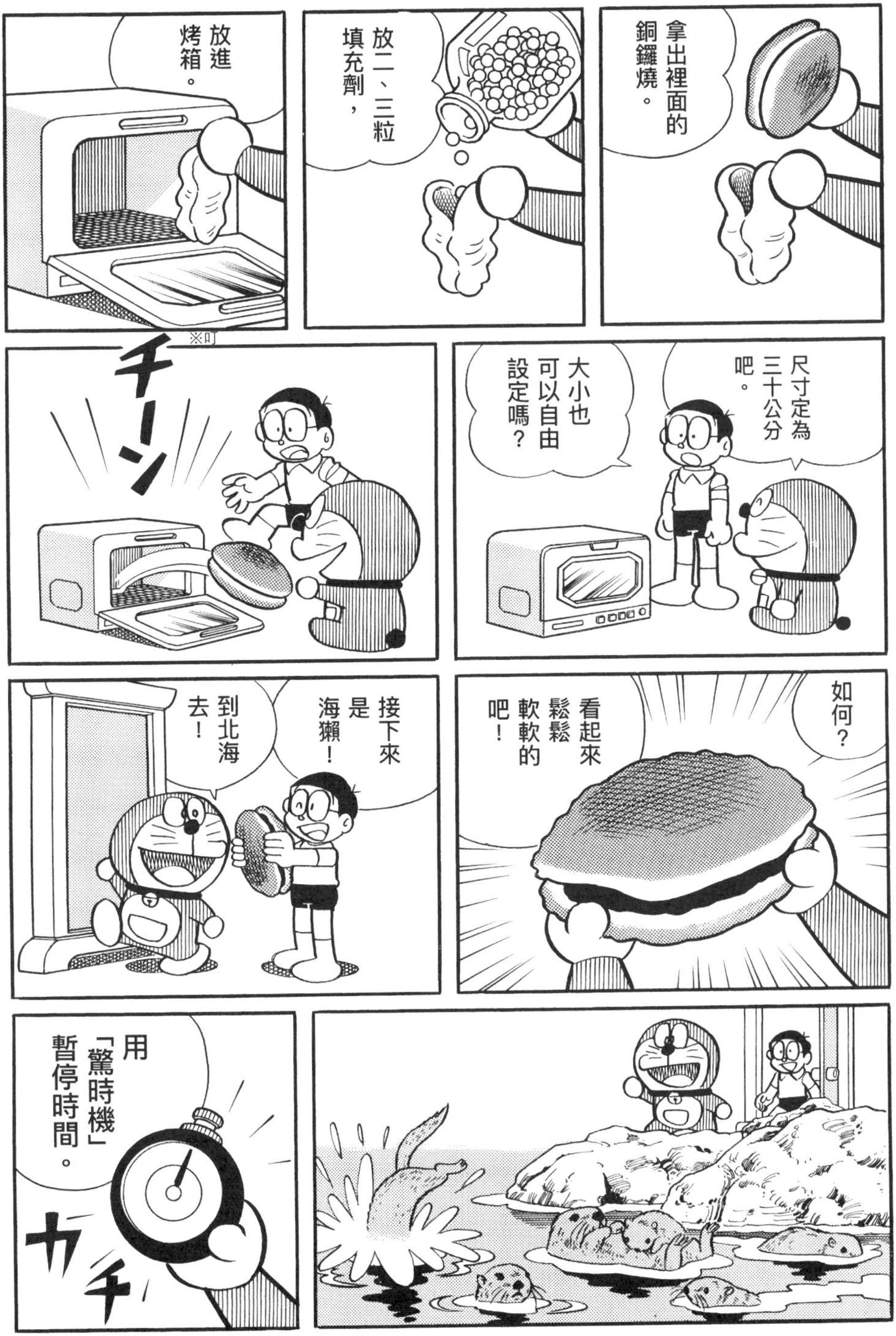

拿出裡面的銅鑼燒。
放二、三粒填充劑，
放進烤箱。
尺寸定為三十公分吧。
大小也可以自由設定嗎？
チーン
※叮
如何？
看起來鬆鬆軟軟的吧！
接下來是海獺！
到北海去！
用「驚時機」暫停時間。
カチ

※喀嗒

動物園祕密列車Q&A

Q 紅鶴如果不持續吃會製造紅色的食物，身體的粉紅色就會變淡。這是真的嗎？

A 真的。紅鶴以吃磷蝦等甲殼類動物、矽藻類或藻類等為主，其主要成分會成為紅色基礎，讓紅鶴維持粉紅色。

※喀喳
喂～等一下！
カチ
借個造形喔！
會不會太大了？
完成尺寸訂在二公尺大小就好。
不要光做動物，做點其他的東西吧！
例如文具啦！
太有趣了！

還有水果、
汽車、
浴缸。
有很多布偶要送給你。
我…我是很高興！不過……收下來也沒地方放啊！

動物園祕密列車Q&A

Q 非洲象一天的食物量大約多少？①兩公斤 ②兩百公斤 ③兩千公斤

A ②大約兩百公斤。成年非洲象一天大約會吃兩百至三百公斤的樹枝草葉。

第7章

思考動物們的食物

動物園裡飼養著多種多樣的動物，如同到目前為止所介紹的一樣，是依照個別動物的習性和生態來照養，其中又以食物最為重要。動物園的動物和漫畫中出現的布偶最大的不同，在於動物們假如不吃東西就無法生存。而在這一章中，就讓我們來看看動物們都是吃些什麼樣的食物。

動物園裡的動物都吃些什麼？

餵食動物園內的動物是保育員的重要工作。生活在野外的動物，會吃各種不同的食物，所以動物園也會準備多樣的食材讓動物們吃。

但是，想要讓牠們吃到和野生動物一模一樣的食物是非常困難的，動物園只能盡量準備成分近似該物種在野生狀態時所吃的食物。草食動物是提供蔬菜、水果、牧草等；肉食動物則主要供給馬肉和雞肉（在台灣很少有馬肉，但有很多的牛肉、豬肉等市場上常見的肉類）。由於動物園裡的動物和野生動物不同，運動量相對少很多，所以吃脂肪量少的肉類比較合適。備菜、切肉、混合食材等作業，全部都是由保育員們自己處理。假如是大型動物園的話，會有專門的調理室或是動物廚房，也會有保存食材用的大型冰箱和冷凍庫。

此外，動物園還會同時供給動物稱為「粒料」的塊狀食物。粒料與一般市面上賣給貓狗等寵物那種口感脆脆的乾燥飼料很像，而且含有補充營養用的維生素和礦物質。區分成草食動物用、兔子用、靈長類用、紅鶴用、熊用等，會依照動物的類別而有不同的粒料。這些是由飼料公司和動物園共同開發，再配合各個動物園圈養的動物餵食。有時候也會把特定動物用的粒料餵給其他種動物吃。除了這些基本食物以外，保育員也會為了要讓動物們能夠過得健康，而在餵食的食物上下工夫。

◀▼粒料會依動物種類的不同，在成分及尺寸大小上有所差異。此外，各個動物園也會有各自不同的加工方式。

© PIXTA

適合野生動物的餵食方法

獅子、老虎、貓頭鷹和老鷹等肉食動物，在野外時是透過狩獵來捕捉其他動物吃。然而，在動物園中則大多是供給牛肉、雞肉或雞頭等處理過的食物。

可是肉食動物原本是自己狩獵，將獵物各部位盡可能吃下去來攝取營養、維持健康。為了這些肉食動物，有些動物園會依照動物習性，在餵食的時候想辦法盡量讓牠們能展現出原本的狩獵行為。

在日本，最近經常會有鹿或是山豬等野生動物入侵導致農作物受損，山豬進入人類居住區域攻擊人類的案例也年年增加。造成這類事件的鹿、山豬或是熊，都會被視為有害動物而被撲殺驅除。有些動物園為了不讓這些被撲殺的動物平白犧牲，會拿牠們的屍體當成肉食動物的食物，餵給動物園的動物吃。

餵食的食物雖然有做部分加工，但會特地保留毛、皮、骨頭、蹄等，目的是為了要讓肉食動物能夠盡量吃到和野生動物一樣的食物。

此外，像變色龍或是蛇等爬蟲類，有時候是餵食牠們活的蟲或是小鼠，因為牠們通常只吃活的食物。要取得這類活體動物很不容易，所以有些動物園還會在動物園裡飼養並繁殖蟋蟀和老鼠。

請大家不要認為這樣很殘酷或是殘忍，不論是肉食動物或是爬蟲類都是為了要生存，即便人類也是如此，生物全都依賴其他生命支撐著，才能活下去。

© PIXTA

▲供給肉食動物完整的動物當食物是必要的。

食物有分大人用與小孩用的嗎？

以哺乳類來說，剛出生的寶寶能夠喝媽媽的奶喝得飽飽的成長，是最棒的事。但在動物園裡則是要一邊觀察寶寶的成長狀況，一邊在必要的時候準備人工奶（奶粉）或斷奶食品餵牠們。此外，對於妊娠中的動物，有時會需要增加食物量，維持牠們良好的營養狀態。

大貓熊妊娠的時候動物園會將牠們搬移到空調很強的房間，食物供給量也會增加，偏偏雌性大貓熊即便沒懷孕，也可能會展現類似妊娠初期的行為（假孕現象），讓保育員很難透過觀察來判斷，這真是令人吃驚吧？

▲在成長狀態不太好時，會人工餵奶。

© PIXTA

餵食的時候會下哪些工夫呢？

大多數野生動物會將所有的活動時間幾乎都花在尋找食物或進食上。但是由於動物園裡的動物不需要花費任何努力，就能夠簡單的獲得食物，所以剩下的時間就會感到很無聊，反而有可能會變成緊迫（精神壓力）的來源。因此，動物園會配合動物的習性，將餵食的次數分開成一天很多次，或是拉長動物進食的時間。

此外，因為肉食動物不需要狩獵就能夠吃到食物，長期下來就有可能因為運動量不足而過胖，所以有些動物園會依照動物的種類，設置不餵食的斷食日喔。

插圖：柴崎 Hiroshi

© 泉健太

▲設計得跟野生長頸鹿的棲息地很像，把食物放置在樹木的高處。

動物訓練屋

鸚哥站在你手指上耶。
好乖喔！
因為牠是我從小養到大的呀。
我都是把磨碎的鳥食放在竹棒上餵牠。
※啾啾
チュ
チュッ
原來只要從小養，就會乖乖站在我手上了。
太好了。

※掀開
動物園祕密列車Q&A
Q 動物的「動物訓練」指的是減肥。這是真的嗎？
大白天的睡什麼覺!!
他大概又想做什麼無聊的事了吧！
パッ
什麼？你說你想要養一隻可以乖乖站在手上的雞!?
你儘管笑好了。
明明有比較簡單的方法啊。
「桃太郎丸子」。
びだんご

A 假的。這是為了更容易進行動物的健康管理而做的訓練。

不過，只要不斷重複訓練，就算沒有飼料，牠們也會乖乖聽話的。
任何動物都可以訓練嗎？
好。
很好！
大雄……
你又想到什麼了？
訓練屋今日開店!!
不管任何動物都可以讓牠照命令行事
☆價錢：一隻一百圓
野比大雄
到處去發廣告傳單吧。
啊！你又做這種無聊事了。
竟然拿我的道具去賺錢!!
喂～大雄！
我看到傳單了。

動物園祕密列車Q&A

Q 犬科的非洲野犬前腳有幾根腳趾？①4根②5根③6根。

A

① 4根。雖然其他犬科動物的前腳趾是5根，不過非洲野犬的是4根。

動物園祕密列車Q&A

Q 長頸鹿是站著生產。這是真的嗎？

A 真的。寶寶會從媽媽站著的大約兩公尺高的地方被生下來（掉下來）。

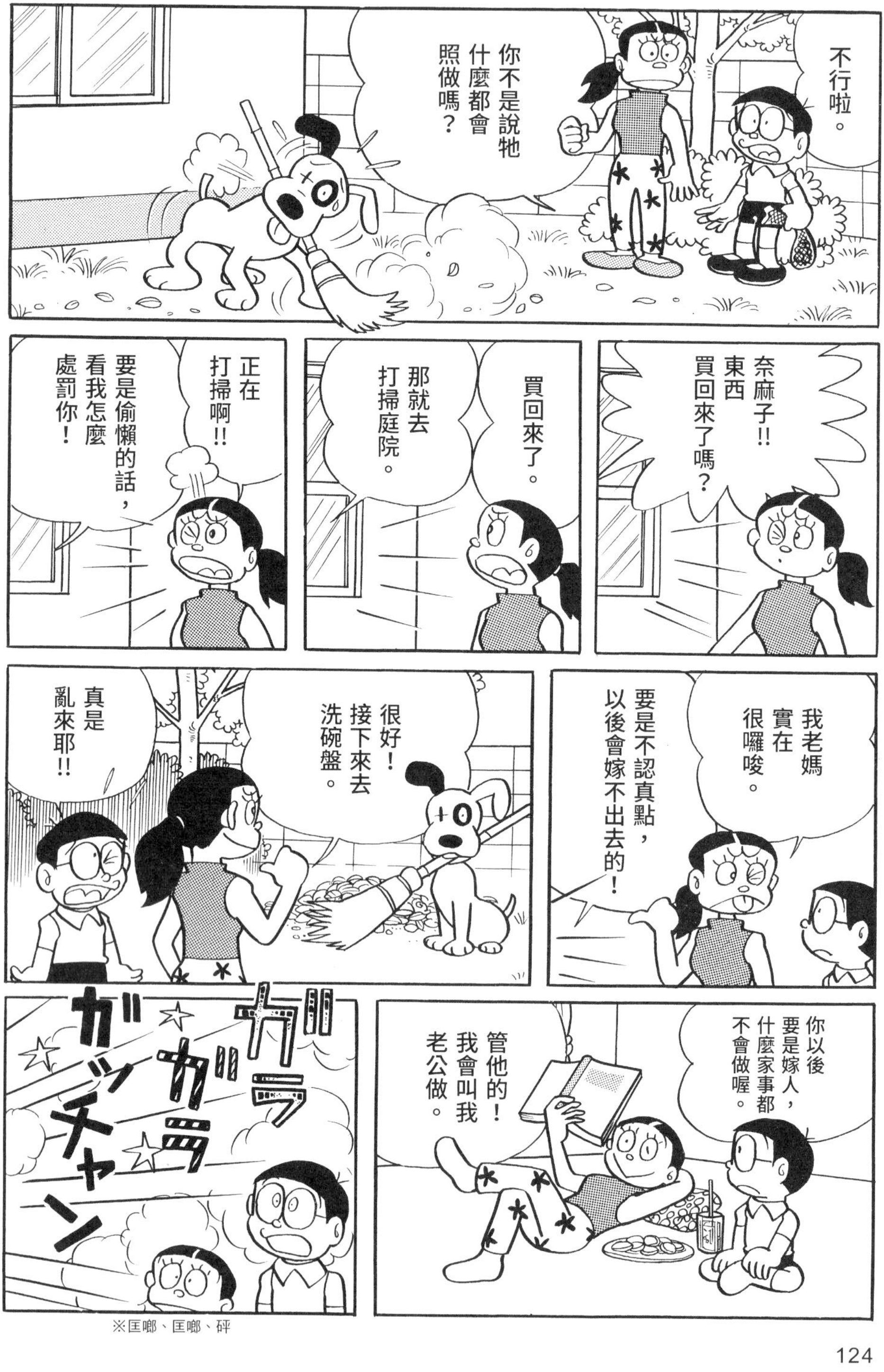
不行啦。
你不是說牠什麼都會照做嗎？
奈麻子!!東西買回來了嗎？
買回來了。
那就去打掃庭院。
正在打掃啊!!
要是偷懶的話，看我怎麼處罰你！
我老媽實在很囉唆。
要是不認真點，以後會嫁不出去的！
很好！接下來去洗碗盤。
真是亂來耶!!
你以後要是嫁人，什麼家事都不會做喔。
管他的！我會叫我老公做。
ガラ
ガラ
ガッチャン

※匡啷、匡啷、砰

動物園祕密列車Q&A

Q 海豚是怎麼睡覺的？①仰躺著睡 ②在水中不呼吸 ③兩側的腦輪流睡覺。

A ③ 兩側的腦輪流睡覺。

喂！賠我錢!!
哪有這樣的。
奈麻子！你做了什麼好事？
※吞
媽媽來了啦。怎麼辦、怎麼辦啦？
有了。人類也是一種動物啊……
啊！
パク
現在因為吃了丸子所以很乖，可是接下來要怎麼辦啊？
別來問我。

第8章

動物們的訓練

其實動物園會對特定的動物進行每天的訓練。究竟是為什麼、又是做哪些訓練呢？讓我們來看其中的一個例子。

動物訓練的目的是為了維持動物的健康

動物園裡有一部分的動物會由保育員進行訓練，當成每天的日課。這些訓練的最大目的在於管理動物的健康，或是治療疾病及傷口，稱為「動物訓練」。

這些讓動物能自發性的展現某些行為的訓練，是為了要在運輸或是治療時誘導牠們進出欄舍、體重測定、刷牙或是治療時能夠進行得順利而做的必要訓練。

當動物的體型很大或是具有危險性，要幫牠們採血或是測量體重就必須先加以麻醉。但是全身麻醉對動物的身體負擔很大，要是能夠以動物訓練來減少麻醉次數，對動物的身心負擔會比較小。訓練的方法是在動物具體做出人類希望牠們展現的姿勢或行為時，給牠們喜歡吃的東西予以獎勵，以強化該姿勢和行為與食物（獎勵）、從而指引口令的連結。不會給予任何懲罰，基本上是反覆教牠們做那些事情、尊重動物的自主性來做。

例如在幫體型巨大的大象進行治療時，會希望牠們能夠安全的保持某個姿勢不動，或是依照獸醫和保育員的希望而動作。因為如此，就會有各種不同的訓練。把腳抬起來的訓練就是其中之一。大象的腳底很硬很厚，而且有許多溝槽，要是有垃圾或是石子卡進溝槽裡面，就會導致大象的腳痛或損害健康。因此保育員每天都會讓大象把腳抬起來，以便觀察大象腳底的狀況。並且在必要的時候幫牠們削腳底的皮，或是修剪趾甲。大象還有其他訓練，像是即使被人摸耳朵也不會生氣等等，這是為了要讓採血容易進行。

像這樣的訓練，會依照動物或是個體的不同而有各種不同的方式。由於非常花時間，所以要很有耐性，並且必須一邊觀察動物的狀況，一邊進行訓練才行。

各式各樣的動物訓練

獅子

讓牠們在進食的時候把尾巴伸出來，即使從那裡被採血也不會亂動的訓練。這樣就能夠在沒有麻醉的狀況下採血。

長頸鹿

讓牠們被摸頭或是腳的訓練，這樣就能夠幫牠們修蹄或是從頸部注射、採血了。

© 柴崎 Hiroshi

河馬

把嘴巴張大的訓練，
幫牠們刷牙保持口腔
內部的健康。

海獅

順利移動到體重計上面的訓
練，這樣就能夠很簡單的幫
牠們進行體重測定了。

© 柴崎 Hiroshi

大貓熊

從欄舍裡把前腳伸出來的訓練，這樣能夠讓抽血變得容易。

探索！

動物醫院有著「檢疫」這件大工作！

動物園的動物不會只來自當地，也有來自外國的動物。從國外引進的動物有可能罹患會傳染給原本圈養在動物園裡的動物或人類的疾病，所以必須做好防堵，這類檢查工作就稱為「檢疫」。就跟診療與治療當地動物一樣，都是動物醫院的重要工作之一。

動物園對於新來的動物，會讓牠們先進到稱為檢疫舍的欄舍住一段時間，通常會位在和動物醫院不同的地方。獸醫師會採取牠們的血液和糞便進行檢查，若發現異狀時會進行治療，等痊癒之後再移動到一般的獸舍。

此外，要讓來到動物園的動物習慣新環境，也是「檢疫」時會做的重要工作。獸醫師會一邊檢查動物的健康狀況，一邊讓牠們慢慢習慣當地的氣候和食物，在確認牠們能夠健康的生活之後，才會移動到獸舍去。有時候從檢疫到讓牠們能夠順利進到展場，會需要超過一個月或甚至半年的時間。

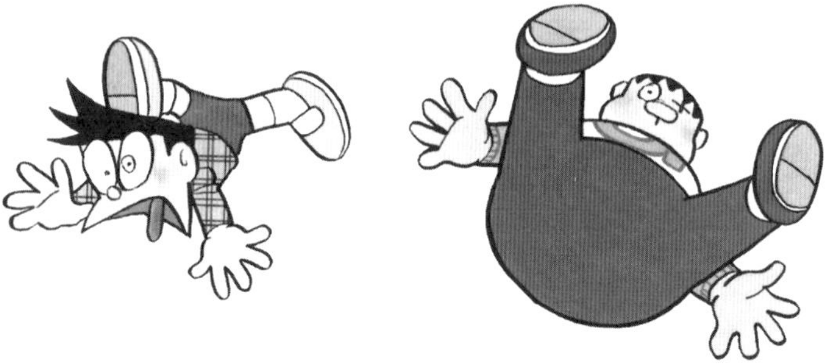

動物指套

我根本就不想玩相撲啊！
不要這樣啦！
我是最強的。
那我第二。
真是太丟臉了……
竟然說出這種話！難道哆啦A夢就打得贏他們嗎？
當然贏得了。
「動物指套」
這裡有大象的鼻子和猩猩的手，只要戴上這些指套就可以使出跟牠們一樣的力氣喔。

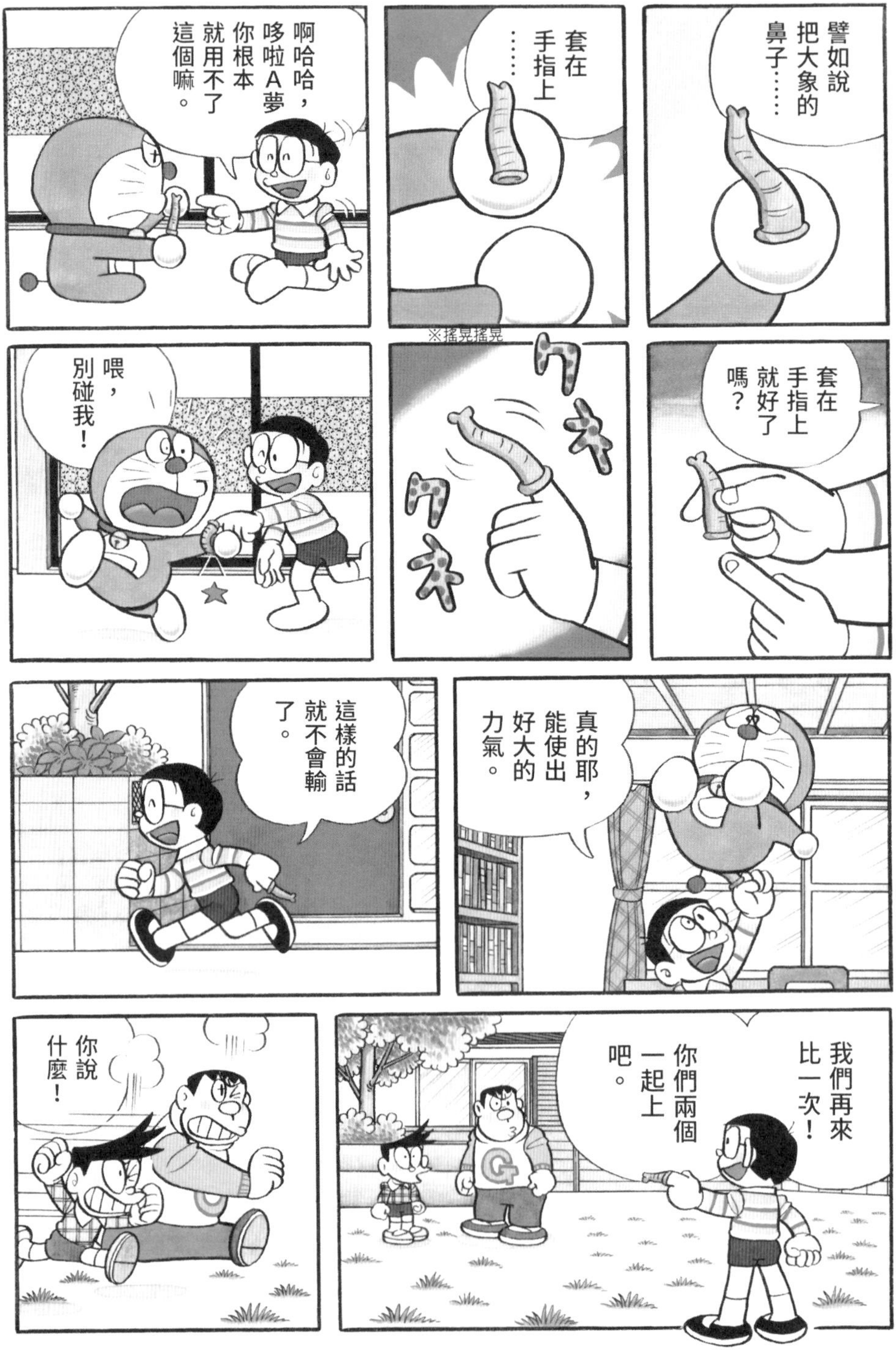
譬如說把大象的鼻子……
套在手指上……
啊哈哈，哆啦A夢你根本就用不了這個嘛。
※搖晃搖晃
套在手指上就好了嗎？
クネ
クネ
喂，別碰我！
真的耶，能使出好大的力氣。
這樣的話就不會輸了。
我們再來比一次！
你們兩個一起上吧。
你說什麼！

動物園祕密列車Q&A

Q 虎鯨等鯨豚寶寶是在水中出生，在水中喝奶。這是真的嗎？

A 真的。虎鯨等鯨豚是哺乳類，完全生活在水中，所以哺乳也是在水中進行。

ブルン
ブルン
※旋轉
ドタ
※咚啪
怎麼樣？我力氣很大吧!?
?
奇怪，掉到哪裡去了？
胖虎身上有個奇怪的東西。
不能把那個套在手指上啦。
喔，原來要套在手指上啊～
力氣變得好大喔。

你喔~我不管了啦。
我要把指套搶回來，把剩下的指套借我。
猩猩的手和鳥的翅膀，還有一個是什麼啊？
畢竟我從沒用過，所以不是很清楚。
那我出門了。
猩猩和大象，哪個比較強呢？
他們跑去哪了？
套上鳥的指套吧。
※啪嗒啪嗒
パタ
パタ

動物園祕密列車Q&A

Q 袋鼠（kangaroo）和小袋鼠（wallaby）有哪裡不一樣？

A 體型大小。兩者都是屬於袋鼠科，只是把小型的稱為小袋鼠。

※啪滋
原來是章魚的漏斗。
我在這～
你欠揍！
把大象的鼻子還給我吧。
還你啦，救命啊！

第9章 在動物園誕生的生命

在我們的日常生活中，基本上沒什麼機會可以看到野生動物寶寶。但是在動物園裡，就能夠看到在園內誕生的動物寶寶。

讓我們來看看這些動物寶寶是怎麼誕生的吧。

為了保護動物寶寶，有時會選擇人工哺育

野生動物媽媽在生產的時候會變得非常神經質，會因為懼怕被外敵盯上而躲起來生產。於是在動物園中，每當有動物要生產，保育員和獸醫師都會共同合作，從遠處透過監視器畫面觀察牠們的生產狀態，並且為了讓動物母子都能夠平安度過生產的過程，做好各種必要的準備，以備隨時支援。

但是有時候剛生產完的媽媽會生病，或是寶寶很虛弱、媽媽放棄養育寶寶等。遇到這些情形時，為了守護寶寶的生命，保育員就會和獸醫師合作代為照顧寶寶。

這在養育哺乳類寶寶時稱為「人工哺育」，在寶寶是鳥類時則稱為「人工育雛」。

人工哺育實際上會用到的奶瓶和保溫箱，通常是使用人類嬰兒或是寵物用的製品。不過並不是直接使用，而是需要配合動物寶寶拿現有的產品加工，或是自己量身訂製一個來養育寶寶。

但再怎麼說還是由親代養育小孩是最好的，所以當寶寶恢復健康之後，會盡快將寶寶還給媽媽或是放回群體之中。行群體生活的動物，學習動物之間彼此的溝通是很重要的，所以在人工哺育期間，有時候也會讓寶寶的同伴們和寶寶見面。

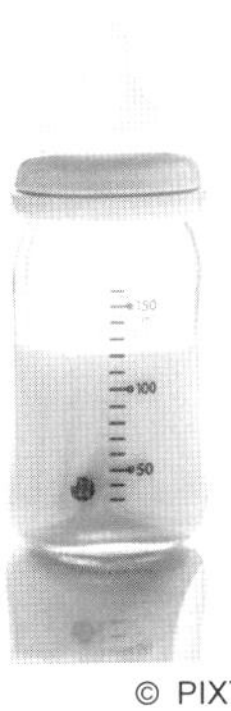

© PIXTA

▲動物園有時會以奶瓶餵動物喝奶，照片中是正在喝奶的獅子寶寶。

動物園也會有相親活動？

動物園裡的動物生活環境和野生狀態時不同，所以會盡可能的重現野生環境，下各種工夫來促進繁殖。

例如行群體生活的動物，通常會整頓環境讓牠們能夠和多數的同類一起生活；一隻隻行獨居生活的動物，則會把雄性和雌性放在隔壁一起圈養，讓牠們相親，做各種嘗試，促使新生命誕生。像這樣對圈養繁殖的努力，也是動物園的一項重要工作。

探索！哺乳類的妊娠期間有多長？

大多數的哺乳類動物，都是在媽媽的體內成長而後誕生，並以媽媽的乳汁哺育。但是鴨嘴獸和針鼴這類哺乳類則是例外，是由媽媽產卵，再用乳汁哺育寶寶。人類是在受精之後的十個月左右誕生，那麼動物們的妊娠期間又是多長呢？一般來說，動物的體型越大，妊娠期間就越長。

非洲象
約22個月

狗
約2個月

倉鼠
約15天

藍鯨
約10~12個月

老鼠與炸彈

怎麼了？冷靜點慢慢說。
都一把年紀了別慌張。
有那個、那個、那個……
都幾十歲的人了，還嚇成那樣子真難看耶。
……
……
!
チョロ
※吱吱
有老鼠!!

Q 國際自然保育聯盟(IUCN)所列出的瀕臨絕種野生動物清單稱為什麼?

ダダダダダ
※噠噠噠噠
什麼嘛!
你沒資格說人家。
叫哆啦A夢
拿二十二世紀的捕鼠器出來。
ズダダダダダ
※咻噠噠噠噠
ギーン
ギーン
※嘰嘰
這樣很危險耶。
對不起,我以為是老鼠。
我光是聽到老鼠的老字,就會起雞皮疙瘩。
趕快消滅恐怖的老鼠,恢復家裡的寧靜。
我同意。

A IUCN受威脅物種紅皮書。簡稱紅皮書，於一九六四年創設。

你也拿一把武器應戰！
「巨無霸鎗」。
ズシリ
媽媽拿「熱線鎗」。
巨無霸鎗一發可以毀滅戰車！熱線鎗一射可以把鋼筋大樓化為灰燼。
不知敵人躲在哪？何時會攻過來？你們千萬不可大意。
祝你們好運。
這實在太誇張了。
這個怎能在家裡用啊?!
タタタ
應該有更溫和的方法才對。
※咻噠噠噠
老實說……
ズダダダ
在這裡？

誰叫你說「老」字，害我嚇一跳！
他正在氣頭上，最好不要惹他。
在哪裡？
到底躲在哪裡？
找那麼久都沒找到。
可是一定還在家裡。
光想我就起雞皮疙瘩。
好吧！
既然如此……
ストッ
※咻咚
就用「地球毀滅炸彈」。
哇！救命啊！
他好像被老鼠嚇到精神錯亂了。
怎、怎麼辦才好啊？

動物園祕密列車Q&A

Q 有哺乳類能夠在天上飛。這是真的嗎？

A 真的。蝙蝠就是能夠在天上飛的哺乳類。

太好了！哆啦A夢！
老鼠被你的氣勢嚇得逃走了。
太好了……
精疲力盡
呼~~
趁哆啦A夢鬆一口氣時，得趕快解決才行。
我也是很害怕啊！
我回來了。
※吱吱
什麼事？
莫名其妙 生什麼氣啊!? 我又沒說錯什麼。
有老鼠……

小知識

動物的睡眠時間有多長？

一般來說，草食動物和肉食動物相比，是以草食動物的睡眠時間比較短。普遍認為是因為野生草食動物吃的是營養成分較少、又需要長時間消化的草木，所以進食時間較長，加上有被肉食動物攻擊的危險，所以睡眠時間較短。和牠們相比，肉食動物能夠攝取高卡路里的食物（草食動物的肉），被攻擊的危險較少，再加上有必要保存狩獵時所需要的體力，所以有睡眠時間比較長的傾向。不過也有例外的狀況，草食動物的無尾熊和樹懶，睡眠時間都非常的長（根據體型大小和圈養環境會有個體差異）。

草食動物

馬
約3小時

大象
約3~4小時

長頸鹿
約2小時

肉食動物

老虎
約16小時

獅子
約14小時

叔叔與大象

Q 既會傳染給人類也會傳染給動物的疾病稱為什麼？

有稀客來喔。
是野比郎叔叔……
咦？叔叔從印度回來了嗎？
嗨！一陣子不見，你長大了呢！
叔叔！有土產嗎？
別鬧了。
叔叔有不可思議的故事要說。
以前有隻叫花夫的大象，很受孩子們的喜愛！
我也非常喜歡花夫，所以常去動物園。
你從小就很喜歡大象嘛。
過沒多久，戰爭變得激烈。
東京被空襲，炸彈多如雨下。
完全沒辦法去動物園。
我和家人一起被疏散。

所謂疏散就是爲了躲避空襲，而搬到鄉下去。
我有聽過。
東京被燒得面目全非。
我一直很擔心花夫的安危。
好不容易戰爭結束了。
回到東京後，我馬上跑到動物園。
裡面只有山羊和豬。
我向人打聽花夫的下落。
被殺掉了？
我後來邊哭邊回家。
到晚上還是哭個不停……

A 人畜共通傳染病。由於家禽和寵物與我們共同生活，所以動物的疾病可能會傳染給人類，人類的疾病也可能會傳染給動物。

動物園祕密列車Q&A

Q 下面哪個是人畜共通傳染病？①沙門氏菌感染症 ②天花 ③腮腺炎。

A
①沙門氏菌感染症。已知的還有霍亂、狂犬病等八百多種疾病。

好安靜哦。
根本沒有人來看動物嘛！
都是一些空獸欄而已。
獅子、老虎、豹都不見了。
花夫應該沒事吧！
在那邊！

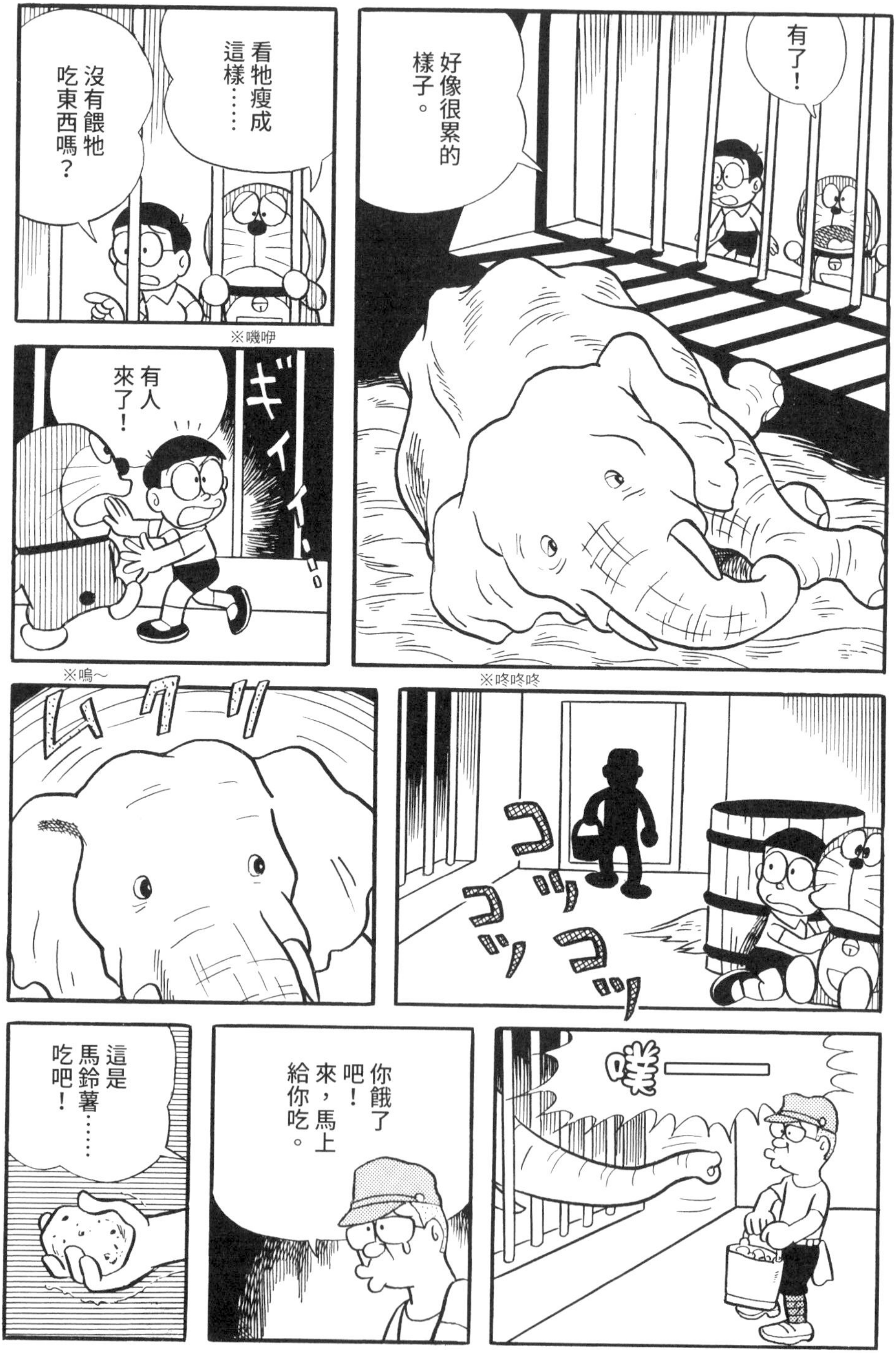
有了！
好像很累的樣子。
看牠瘦成這樣……
沒有餵牠吃東西嗎？
※嘰咿
ギィィ…
有人來了！
※咚咚咚
コッコッコッコッ
※嗚～
ムクリ
噗—
你餓了吧！來，馬上給你吃。
這是馬鈴薯……吃吧！

動物園祕密列車Q&A

Q 從外國帶進國內的生物中，會對生態系造成惡劣影響或有可能造成影響的生物稱為什麼？

A 特定外來入侵種。在日本是由外來生物法指定，在台灣則由行政院農業委員會指定。

※咚
眞不像話！
園長！你沒有遵照命令，還讓那頭象活著嗎？
不，我們也有苦衷啊……
現在日本正陷入水深火熱之中，每天都有許多軍隊在奮戰，動物的性命又算得了什麼，不用管那麼多了？
就算是動物，也應該樂於爲國捐軀！
這……
※咚
因爲針筒對花夫起不了作用。
我們一星期前就沒有再餵食牠食物了。
早上還餵牠有毒的馬鈴薯。
什麼？不吃？？
我等不了那麼久！
我來解決牠！

動物園祕密列車Q&A

Q 在從事自然保育的非營利團體之中，以大貓熊為標章的知名團體是哪一個？

A WWF，世界自然基金會。是國際性的環境保育團體。

※空襲警報
ウ〜ッ
ウ〜
※空襲警報
ウ〜ッ
ウ〜ッ
為什麼大家都跑掉了？
那是什麼聲音？
那個是？
※砰磅
ドドーッ
敵機過來轟炸了！

動物園祕密列車Q&A

Q 自一九八九年起，日本東京都的動物園及水族館一起進行的瀕危動物繁殖計畫稱為什麼？

危險！你要去哪？
炸彈炸到大象的獸欄了。
啊！還好沒事。
噗歐——
乖乖！我不會讓別人殺你的。
你要去哪裡？
我要把牠帶到遙遠的深山裡。
大象不見了。

A Zoo Stock計畫（動物園物種保存計畫）。於二〇一八年度開始進行第二次的Zoo Stock計畫。

不是被炸死了嗎？
沒有屍體啊！
花夫快躲起來，他們在找你。
早點殺掉就好了！
趕快集合所有人。
把所有出口封住。
給我徹底的搜！
找到就把牠殺了！
ダダダ
※噠噠噠
你帶著大象是不可能逃跑的。
把牠送回印度吧！
那是最好的辦法。
這……我哪有辦法啊……
唉——我該怎麼辦才好?!

動物園祕密列車Q&A

Q 在稱為「冷凍動物園」的地方保存著什麼？

A 把全球瀕危動物的精子和卵子等進行冷凍保存，以便需要時用來作人工授精等工作。

動物園祕密列車Q&A

Q 在把生物依照類群進行區分時的最基本單位是什麼？

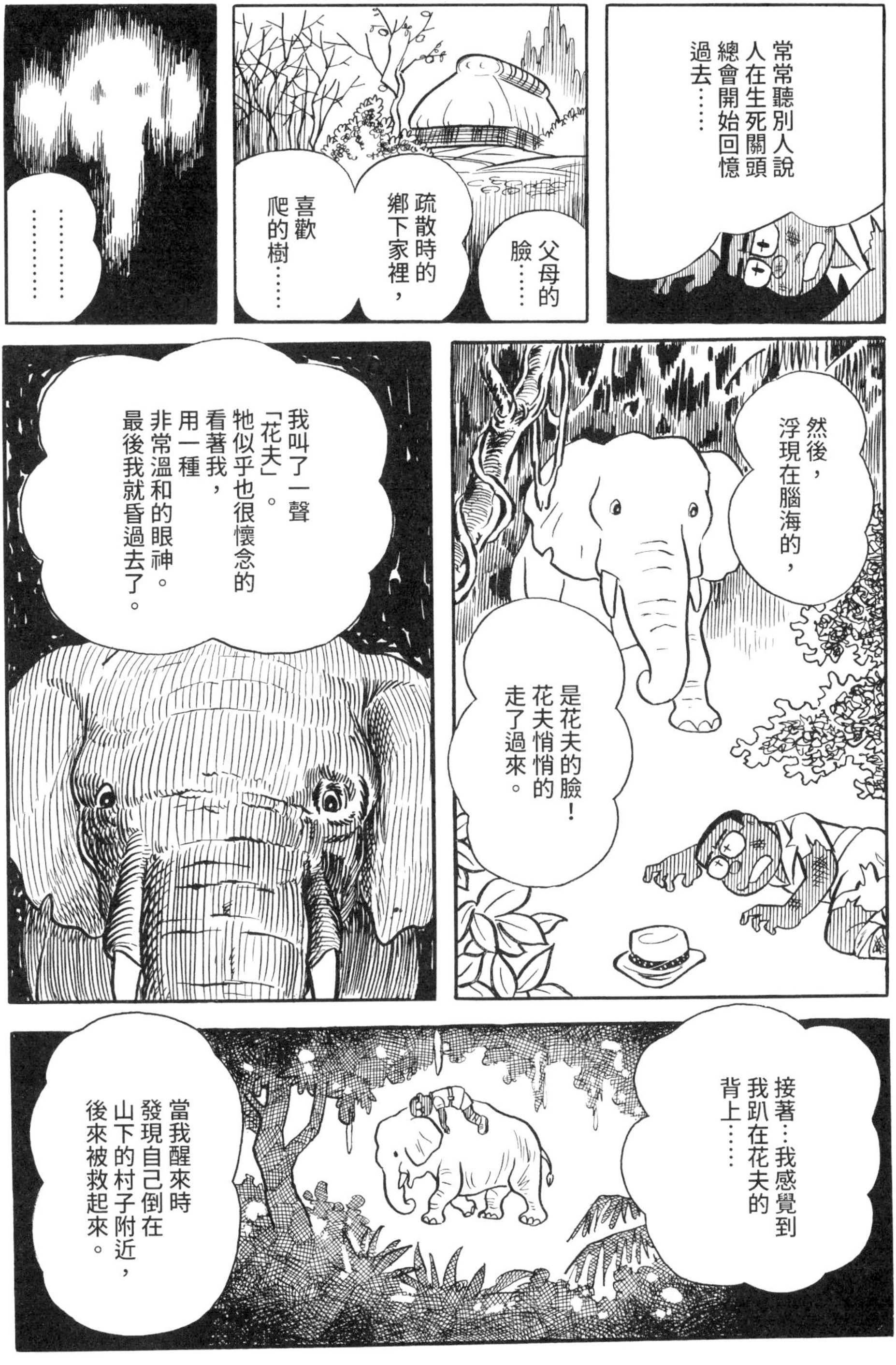
常常聽別人說人在生死關頭總會開始回憶過去……
父母的臉……
疏散時的鄉下家裡，
喜歡爬的樹……
……
……
然後，浮現在腦海的，
是花夫的臉！花夫悄悄的走了過來。
我叫了一聲「花夫」。牠似乎也很懷念的看著我，用一種非常溫和的眼神。最後我就昏過去了。
接著…我感覺到我趴在花夫的背上……
當我醒來時發現自己倒在山下的村子附近，後來被救起來。

A 種。各個物種都有各自的拉丁文學名，學名是世界共通的生物名字。

嗯……
的確是非常不可思議……
那應該是夢吧？已經死去的花夫怎麼可能會在印度呢？
我也是這麼想……
就算是夢，我還是很高興。
花夫平安抵達印度了。
到現在也還活得好好的。
哇！太好了！太好了！

探索！

認識華盛頓公約

讓我們來談談華盛頓公約。你可能在學校或是新聞媒體上聽過這個名詞吧？

「華盛頓公約」的正式名稱為「瀕臨絕種野生動植物國際貿易公約（Convention on International Trade in Endangered Species of Wild Fauna and Flora，將字首湊在一起，簡稱為CITES）」，因為是一九七三年於美國的華盛頓簽署，所以通稱為華盛頓公約。

這個公約是由動物的輸出國及輸入國共同合作，為了不讓野生動植物中的特定物種被過度交易利用而簽署的。並且依照因濫捕而有滅絕危機，被認為需要保育的野生動植物等級再加以區分、分類在附錄一、二、三之中，因應個別的必要性，對於國際貿易與交易加以規範。

二〇一九年十一月時，包含日本在內全球一共有一百八十三個國家與地區締約。公約不僅限於規範活生生的動植物，動物的剝製標本、皮革、象牙製品等加工品也都是規範的對象。

例如動物園的動物明星大貓熊，牠們的生存面臨很大的危機，所以是屬於規範最嚴格的附錄一。因此，為了要防止滅絕，讓牠們能夠在地球上繼續存活，只有在以研究為目的時才被允許從原生棲息地中國送到海外。所以在日本只有東京的上野動物園與和歌山縣的冒險大世界（Adventure World），以及兵庫縣的神戶市立王子動物園等三個動物園才能夠看到大貓熊。在台灣則只有臺北動物園看得到。

附錄二之中有熊、鷹隼、鸚鵡、獅子、珊瑚、仙人掌、蘭花等；附錄三則有鱷龜等。日本自古以來就會使用象牙雕刻印鑑，現在也仍舊持續流通。但那些都是在華盛頓公約簽署之前進口的庫存，使用特別獲得許可的年分進口的象牙製作的。

第10章 瀕臨滅絕危機的野生動物

到目前為止，一直反覆介紹動物園最重要的一項工作，就是對瀕臨絕種動物的保育與繁殖。那麼，為什麼野生動物會瀕臨滅絕危機呢？其實絕大多數的原因都是人類造成的，即使被認為很強的動物也不例外。

生物以極快的速度走向滅絕

一個動植物的物種全數死亡的狀態，稱為滅絕。由於要認定一個物種是不是滅絕非常困難，不過目前是以在經過各種調查及各項事實評估之後，超過五十年沒有被確認生息，就會被認定為滅絕。

地球上仍舊存在卻瀕臨滅絕危機的生物很多，這些稱為瀕危物種。國際自然保育聯盟（IUCN）將牠們公布在「紅皮書（有滅絕危機的世界野生生物名錄）」之中。

根據二〇二〇年七月發表的IUCN紅皮書，有三萬兩千四百四十一個物種被選定為瀕危物種，這個數字比之前被選定的物種還要多出一千種以上。特別是位於非洲大陸東部馬達加斯加島上的狐猴類，居然有大約百分之九十六的物種被認定為瀕危物種。另外，非常受到日本人喜愛的松茸，首次被選定為瀕危物種，也在日本成為很大的新聞。

其實日本也有由環境省公開的日本版紅皮書，大約每五年會重新檢討一次。除此以外，全日本的都道府縣等也會整理各個地域的紅皮書。趁此機會，請各位讀者也查一查自己居住地區的紅皮書吧。台灣的紅皮書是由農業委員會林務局制定，目前依據種類總共有六本名錄。

日本除了既有已經滅絕的動物，還有許多被擔心會滅絕的動物。動物園除了保育這些動物之外，也盡力的讓牠們能繁衍延續。

正如在第九章中說過的，整頓好瀕危動物的圈養環境能夠提高牠們的繁殖率，世界各國的動物園也會彼此合作，以這種彼此出借動物的借殖方式來讓牠們繁殖。

不僅如此，在專門從事繁殖的機構中，有時還會採取瀕危物種的精子和卵子，以液態氮進行冷凍保存，這些設施又被稱為冷凍動物園，研究的是如何以人工授精來讓瀕危物種繁殖。動物園也會和這些機構合作，努力讓動物繁殖。

正如在遠古時代就已經滅絕的恐龍那樣，生物一旦滅絕就不會再度誕生。此外，生物們的生存總是盡量保持著平衡，只要有一個物種滅絕就會導致失衡，甚至對整體環境造成影響。根據日本環境省的數據，現在一年就有四萬種生物滅絕。生物們真的是以極快的速度在走向滅絕呢。

© PIXTA

▲已經滅絕的恐龍。物種一旦滅絕，就再也不會有同樣的物種誕生。

© Alamy ／ PPS 通訊社

▲被稱為「冷凍動物園」的設施。此類設施負責將動物的精子、卵子、培養的皮膚等細胞以液態氮進行冷凍保存。照片是美國聖地牙哥動物園內的冷凍動物園。

滅絕的原因在於人類的生活

造成動物滅絕的大部分原因其實就是人類。舉例來說，當野生動物的原生棲息地被開發，野生動物的生活場所就會因此消失，牠們賴以維生的食物，也就是當地的動植物也會隨之消失。

雖然買賣稀有動物這件事情已經在華盛頓公約中被禁止了，但是違法獵捕的盜獵行為仍然持續不斷，這也是讓滅絕可能性變大的原因之一。除此之外，日本近年來還面臨外來種的侵害危機。這些來自外國的動物，進入到原本不是牠們分布的地區，大幅破壞了自然環境與生態的平衡。原本就棲息在日本的野生動物由於食物和生活場所被外來種奪走，導致滅絕的危機升高。

從外國或其他地區被帶進來的生物中，像這樣會對生態系或對環境造成惡劣影響的生物，被稱為特定外來入侵種。這些生物在日本受外來生物法規範被禁止飼養、移動，以及釋放到野外去。在台灣則有外來入侵種管理行動計畫在執行管理和移除。

在日本定居的主要特定外來入侵種（哺乳類）

雖然牠們都很可愛，卻都是**特定外來入侵種**。

美洲水鼬

據說是從美國輸入到北海道之後，逐漸變得廣泛分布。由於水鼬是雜食性動物，所以不只是農產品，連日本的原生種動物也受到危害。

浣熊

會破壞農田、吃農作物等，有時也會成為人畜共通傳染病的媒介。

美洲巨水鼠

危害農作物、淡水貝類和稀少植物。一般認為是第二次世界大戰時，為了供給皮毛需要而被進口，之後就散布到日本各地。

恆河猴

有恆河猴對日本獼猴的影響，以及對農作物的危害報告。

赤腹松鼠

一般認為是由台灣或中國進入到日本，導致農作物及林木的危害。

山羌

在日本千葉縣房總半島及伊豆大島都有發現，由於繁殖導致農作物受到的危害持續擴大中。

已經滅絕的動物，不會再度復活

如同至今已經敘述過的，地球上的動植物正在以極為迅速的速度走向滅絕。在這種狀況下，最近可以見到世界性的野生動物保育活動。你有沒有聽過「SDGs（Sustainable Development Goals，永續發展目標）」這個名詞呢？這是記載於二〇一五年九月聯合國會議中的決議，以「對我們的世界進行改革：為了永續開發的二〇三〇年議程」為題的文件當中的具體行動方案，也是聯合國一百九十三個締約國，自二〇一六年到二〇三〇年為止的十五年間，需要達成的國際目標。這項方案是由十七項核心目標，以及為了達成核心目標的一百六十九項具體目標所構成。當中的目標有「十四、守護海洋的豐饒（保育及永續利用海洋與海洋資源，以確保永續發展）」、「十五、守護陸地的豐饒（保護、維護及促進領地生態系統的永續使用，永續的管理森林，對抗沙漠化，終止及逆轉土地劣化，並遏止生物多樣性的喪失）」。守護地球上的生物多樣性這個世界性的目標，讓全球各地開始保育瀕臨滅絕危機的動物。

◀位於馬來西亞沙巴州的西必洛人猿保育中心中，為了保育紅毛猩猩採取了各種行動。

Photo by CEphoto, Uwe Aranas

▶蒙古國家公園中的蒙古野馬。雖然野生物種已經滅絕，但是在動物園中繁殖、再野放回原生棲息地的計畫正在持續進行中。

Petr Jan Juračka via Wikimedia Commons

已經滅絕的動物

Coenraad Jacob Temminck via Wikimedia Commons

日本狼

從前棲息在日本，
現在已經再也無法
看到了。

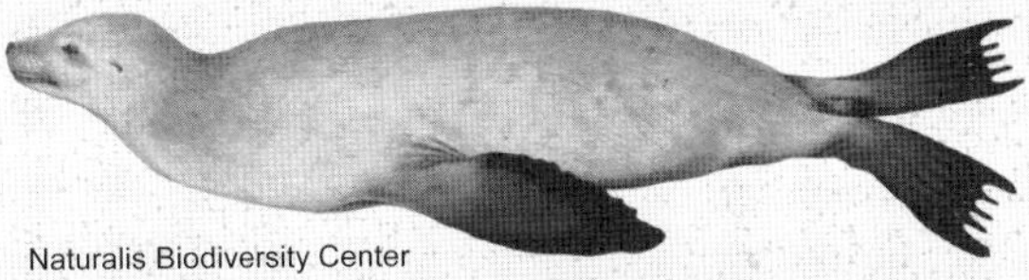
Naturalis Biodiversity Center

日本海獅

生活在日本的日本海
獅，為了取其毛皮的
濫捕行為導致滅絕。

Frederick York (d.1903)

斑驢

雖然從前分布在非洲，
卻因為濫捕而滅絕。

Benjamin A. Sheppard

袋狼

原本生活在澳洲，
不過已經滅絕了。

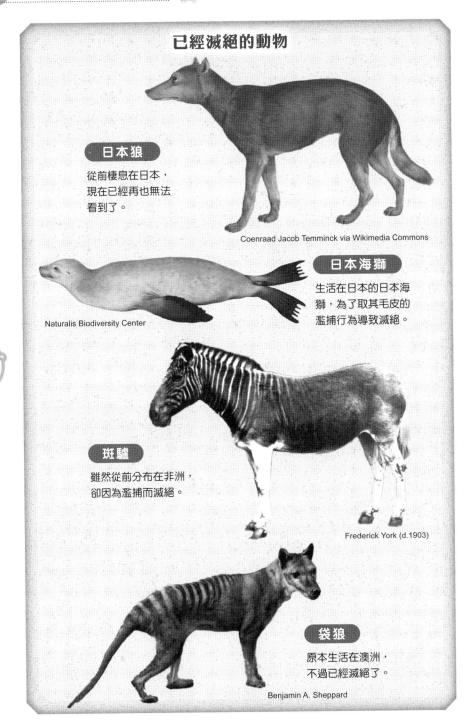

小鳥帽

靜香！
噓——
有小鳥在庭院裡。
我剛剛在庭院撒了飼料。
我最喜歡小鳥了。
我也是。
※啪嗒啪嗒
我再靠近一點看好了。
パタ
パタ
都是你，牠們都被嚇跑了。

動物園祕密列車Q&A

Q 有不是產卵而是生寶寶的鳥類。這是真的嗎？

難得有小鳥飛到我家的。
幫我想想辦法！
總之你是希望能跟小鳥交朋友吧。
是啊。
「小鳥帽」。
有很多種類，
只要戴上帽子，就能成為小鳥的同伴囉。
我戴鴿子帽子給你看吧。
你根本不像鴿子呢。
這真的是鴿子！

設的，所有的鳥類都是卵生的，不過卻真的有像鴨嘴獸那樣產卵的哺乳類存在。

※啪嗒啪嗒
パタパタ
我也來飛飛看吧。
咕咕咕咕咕——！
雞可是飛不起來的喔。
換成麻雀吧。
飛去靜香她家吧。
啾啾。

小鳥都不會怕我耶。
因為牠們認為你是同伴啊。
哇啊，好棒喔。
也借我一頂吧。
當然好啊。
雖然有很多種類……
但我覺得靜香最適合這頂天鵝帽。
パタパタ

※啪嗒啪嗒

動物園祕密列車Q&A

Q 在現存鳥類中，體型最大的是哪一種？①鴕鳥②鴯鶓③安地斯神鷲。

A 鴕鳥。從頭到腳的高度約為2至3公尺，是現存鳥類中體型最大的。

啊，對喔，因為貓頭鷹在白天視力不好。
我戴的是翠鳥真是太好了。
輕快的飛啊。
啊哈哈，大家都嚇了一跳呢。
奇怪了？
※咻、嘩啦
ザバン
翠鳥可是會衝進水裡捕魚的喔。

探索！

依照設置地點分類的動物園種類

動物園的分類方式，除了之前的章節已經解說過的之外，還有其他各種不同的分類。在這裡就介紹依照設置地點以及依展示動物分類的動物園種類。

依照動物園的位置所做的分類

●都市型動物園

位於都市之中的動物園。為了在有限的面積內能夠盡量很容易看到多種動物，會在動物戶外活動場的方向與配置上做精心的設計。日本的公立動物園大多屬於這一類。

●郊外型動物園

位於郊區的動物園，活用廣闊的土地面積，有餘裕的安排動物的展示。英國的「ZSL惠普斯奈動物園（ZSL Whipsnade Zoo）」是歐洲最大的野生動物保護公園，在動物園內是以車子移動。

野生動物園（Safari Park）

搭乘自家車或是專用巴士，一邊在動物成群生活的區域移動，一邊參觀的動物園。這類動物園被認為最早是源自於英國或美國，不過世界上最早採取野生動物園（Safari）方式的，是一九六四年東京的「多摩動物公園」。遊客搭乘獅子巴士逛獅子展場的展示方式，非常受歡迎。

以展示動物分類的動物園

●兒童動物園

以中小型動物為主進行展示，是即使是小小孩也能開心參觀的動物園形式，能夠從比一般動物園更近的距離觀察到動物。

●圈養展示單一類群的動物園

像是「○○牧場」、「鳥類園」、「野鳥森林」等能夠觀察特定種類動物的動物園。活用當地特色，在各地的觀光地點有很多類似的動物園。

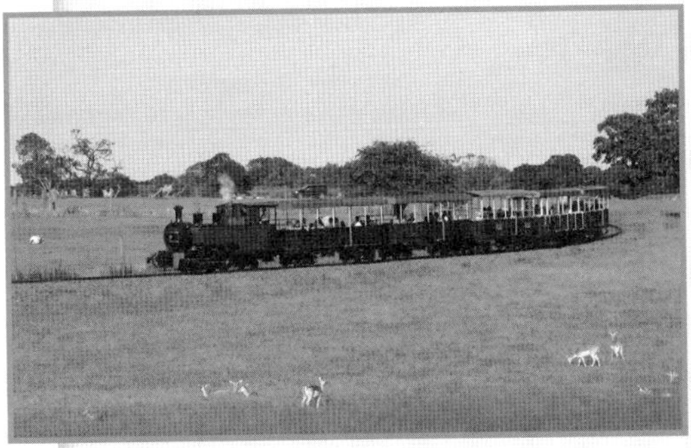

▲英國的「惠普斯奈野生動物園」和「倫敦動物園」同屬於倫敦動物學會轄下。

The Whipsnade Zoo Railway by Steve Daniels via Wikimedia Commons

可愛小石頭的故事

汪！
汪汪!!
汪汪!!
萊西！
萊西～～
汪！
汪！
汪！
萊西……
萊西……
萊西!!
靈犬萊西
下週請繼續收看
狗狗真的好可愛喔……
媽媽！

動物園祕密列車Q&A

Q 河馬從身體排出像汗般的紅色分泌物是血液。這是真的嗎?

A 假的。雖然是紅色卻不是血液，一般認為是能夠防止河馬皮膚乾燥或曬傷的液體。

要找顆好石頭，
還真不簡單耶。
※啪
閉上眼睛摸一個……
看起來又黑又不起眼……
好好磨喔！
越磨它就會跟人越親近。
ピョコ
※咻
哈哈哈，好癢喔。
它在跟你撒嬌。
一直跟著我跑，好可愛喔。
好乖，真是好孩子。
クンクン
※拍拍
要餵它什麼飼料？
沙子和水。
不用花錢真好。

Q 請說出被稱為世界三大珍獸的動物名稱。

A

大貓熊、侏儒河馬、霍加狓鹿。

Q 蘇門答臘虎不會游泳。這是真的嗎？

A 假的。牠們會游泳，在氣溫高的日子，有時也會泡在水中。

我把水晶球變成狗狗了。
哇～好漂亮。
我的狗很強壯，它可是壓醬菜的石頭。
※咚咚
ドス・・ドス・・
※砰、砰
※汪嗚
我的可是庭院造景巨岩喔。
ガオ
※汪嗚
我和愛岩參孫的感情已經是堅若磐石。
クウーン
※汪
小夫家的狗叫聲，竟然連這裡都聽得到。
ガオ・・・・
ガオ・・・・
※汪嗚、汪嗚

動物園祕密列車Q&A

Q 在貓科動物中會成群生活的只有獅子而已。這是真的嗎？

真的。貓科的老虎和豹都是單獨活動。

隔天
它把院子搞得亂七八糟的，還整晚叫個不停。
媽媽要我把它丟得遠遠的。
讓它變成流浪石，太可憐了啦。
這可是媽媽交待的啊。
我把它丟到青森去了，已經沒問題了。
真的嗎！
經過一個星期——
ワンワン
※汪汪
汪汪!!
汪汪!!
汪汪!!
它竟然從青森千里迢迢的跑回來了。
真是令人感動耶。

第11章 逛動物園的方式

能夠一次看到很多種動物，是動物園最吸引人的地方。回頭翻閱到目前為止讀到的內容，帶著嶄新的心情到動物園觀察動物，一定能夠發現從前沒有注意到的事情喔。

參觀動物園前能夠預先準備的事情

決定好要去動物園的日子之後，就開始做參訪的事前準備吧。因為大型動物園，即使花上一整天也很難整個逛完。

●收集情報

幾乎所有的動物園都有設置自己的官方網站，可以事先透過電腦或是智慧型手機查看休園日、開園時間、門票費用、園內地圖、動物的種類等等。另外，只有限定期間才會公開的動物展示資訊、剛誕生的動物寶寶的特別公開展示資訊也能夠透過網站知道。

●檢查隨身攜帶物品

服裝和鞋子要挑選方便長時間走路的。動物園基本上是以戶外活動為主，所以在很熱的天氣時一定要戴帽子與飲用水，在天冷的時候一定要帶防寒用的外套和手套再出門。此外，也可以準備觀察用的筆記本及文具用品。假如有照相機或望遠鏡的話就更好了。

參觀動物園的隨身物品清單

請參考下列項目，自己思考之後做好準備！

- 文具用品
- 筆記本
- 依天候狀況準備帽子
- 防寒用具（雨具）
- 飲品

（以下是假如自己或是家人有的話）

- 望遠鏡
- 相機（智慧型手機的相機也可以）
- 手錶（智慧型手機裡的時鐘也可以）

再次確認在動物園裡該有的禮節

動物園裡被禁止的事情會依照各園區的規定而有所不同，在這裡介紹一般性的禮節。這些對動物們來說是非常重要的事。

●不隨便吵鬧發出很大的聲音，以避免動物們受到驚嚇。
●不播放音樂。
●不餵食動物。
●不爬到柵欄上也不搖晃柵欄。
●不把手伸進柵欄內觸摸動物。
●不為了想要讓動物看往自己的方向而敲打窗戶玻璃等。
◉不使用閃光燈。

其他的禮節與行為規範，請遵循即將造訪的動物園規定。

知道觀察動物的重點

雖然可以鉅細靡遺的看完整個動物園，不過決定好自己感興趣的動物，好好的徹底觀察那隻動物也是很好的選擇。此外，即使是同一個物種，每一隻動物個別的動作和表情也會不一樣，請仔細觀察看看。

●用眼睛追察動物的動作。
●假如動物移動到遠處去的時候，自己也移動。
●該動物周圍的景色也加以注意。

在筆記本上記錄觀察的日期、天候、動物的隻數等。此外，在動物欄舍的周圍通常都有動物的說明解說牌，也可以一併記錄下來。

動物的表情在上午和下午會有所不同，進食的時候更可以觀察到平時看不到的動作。假如可能的話，我推薦大家在上午觀察過特定一隻動物之後，可以在傍晚時再次去看一次，或是看準餵食時間再去看該隻動物。

參加讓你能更了解園中動物的導覽活動

各個動物園都會設計各種讓你能夠認識圈養動物的導覽活動，有機會的話請一定要參加看看。

這類導覽活動可以讓你看到動物們跟平時在展場中不一樣的樣貌，或是可以體驗保育員平時的工作等，具體的活動與資訊都能夠在各動物園的官網查詢到。在多采多姿的活動之中，讓我們以橫濱動物園Zoorasia為例來看看。

●**動物或昆蟲教室**

會由專家帶領，將平時無法知道的動物或是昆蟲生態教導給大家，也有關於動物的問答或是勞作教室可以參加。

●**保育員的 Keeper's Talk**

保育員對自己負責的動物進行解說。

●**導覽活動**

保育員說明動物的觀察重點或是介紹生活環境，能夠更深入的認識動物園。

●**後場導覽**

能夠看到動物園的後場活動、保育員的作業房間等，有時候還能夠體驗部分的動物飼養作業。

© 泉健太

▲橫濱動物園的導覽活動，保育員正在說明負責區域的動物及生活環境。Zoorasia 這個字是由動物園（ZOO）及以廣大自然為印象的歐亞大陸（EURASIA）的合成字。

●橫濱動物園Zoorasia的官網
https://www.hama-midorinokyokai.or.jp/zoo/zoorasia/

漫畫作者

藤子・F・不二雄

■漫畫家

本名藤本弘（Fujimoto Hiroshi），1933 年 12 月 1 日出生於富山縣高岡市。1951 年以《天使之玉》出道，正式成為漫畫家。以藤子・F・不二雄的筆名持續創作《哆啦 A 夢》等作品，建構兒童漫畫新時代。

主要代表作包括《哆啦A夢》、《小鬼Q太郎（共著）》、《小超人帕門》、《奇天烈大百科》、《超能力魔美》、《科幻短篇》系列等無數出色的作品。2011 年 9 月，日本神奈川縣川崎市的「藤子・F・不二雄博物館」開幕，展出過去作品的原畫，紀念藤子・F・不二雄的魅力。

日文版審訂者

村田浩一

■橫濱動物園 Zoorasia 園長

1952 年出生於日本兵庫縣神戶市。宮崎大學農學院獸醫系畢業，獸醫學博士。1978 年起在神戶市立王子動物園擔任了 23 年的獸醫師。2001 年至日本大學生物資源科學院擔任副教授，2004 年升任教授，2018 年起擔任特任教授。2011 年起兼任橫濱動物園 Zoorasia 園長及橫濱市繁殖中心擔任部長（現為參事）。自王子動物園時代，即一邊進行動物的圈養及治療，一邊持續野生動物醫學、稀少物種的繁殖，以及東方白鸛及岩雷鳥的再引入等相關研究。現在則是一邊從保育醫學的觀點，主要以傳染病及「環境－動物－人類」的關係進行研究，一邊在動物園以「感受、知道、學習，以及守護」為目標設計活動。主要的編著審訂書籍有《動物園學》、《動物園動物管理學》、《動物衛生學》、《野生動物的醫學》、《獸醫繁殖學》（文永堂）、《動物園學入門》（朝倉書店）、《喙部圖鑑》（金星社）等。日本大學研究者情報上有詳細記載（https://kenkyu-web.cin.nihon-u.ac.jp/Profiles/57/0005683/profile.html)

哆啦A夢知識大探索 ❻

動物園祕密列車

●漫畫／藤子・F・不二雄

●原書名／ドラえもん探究ワールド——動物園のなぞ

●日文版審訂／ Fujiko Pro、村田浩一

●日文版採訪、撰文／山津京子

●日文版協作／橫濱動物園 Zoorasia、目黑廣志

●日文版美術設計／ Nishi 工藝（西山克之）

●日文版封面設計／有泉勝一（Timemachine）

●日文版編輯／熊谷 Yuri

●翻譯／張東君　●台灣版審訂／曹先紹

【參考文獻】

《給大人的動物園導覽》（成島悅雄編著等／養賢堂）、《改訂版 新・飼育手冊1～5》（日本動物園水族館協會）、《小學館的圖鑑NEO》（小學館）、《動物園學入門》（村田浩一等編／朝倉書店）、《動物園・其歷史與冒險》（溝井裕一／中公新書Lakure）、《動物園的獸醫系列》（植田美彌審訂／金星社）、《動物園的祕密》（森由民／PHP研究所）、《動物園的文化史》（溝井裕一／勉誠出版）、《鉅細靡遺享受動物園！》（今泉忠明等／新風舍）、《日本的動物園》（石田戢／東京大學出版會）、《大家都想知道的動物園疑問50》（加藤由子／Soft Bank Creative）、《更進一步認識動物園及水族館》（小宮輝之／Media Pal）、《橫濱的動物園案內帖》（村田浩一審定）

發行人／王榮文

出版發行／遠流出版事業股份有限公司

地址：104005 台北市中山北路一段 11 號 13 樓

電話：(02)2571-0297　傳真：(02)2571-0197　郵撥：0189456-1

著作權顧問／蕭雄淋律師

2022 年 8 月 1 日 初版一刷　　2024 年 6 月 1 日 二版一刷

定價／新台幣 350 元（缺頁或破損的書，請寄回更換）

ISBN 978-626-361-667-7

YLib 遠流博識網　http://www.ylib.com　E-mail:ylib@ylib.com

◎日本小學館正式授權台灣中文版

● 發行所／台灣小學館股份有限公司

● 總經理／齋藤滿

● 產品經理／黃馨瑝

● 責任編輯／李宗幸

● 美術編輯／蘇彩金

國家圖書館出版品預行編目資料(CIP)

動物園祕密列車 / 日本小學館編輯撰文；藤子・F・不二雄漫畫；張東君翻譯. -- 二版. -- 台北市：遠流出版事業股份有限公司, 2024.6
面；　公分. --（哆啦 A 夢知識大探索；6）

譯自：ドラえもん探究ワールド：動物園のなぞ
ISBN 978-626-361-667-7(平裝)

1.CST: 動物園　2.CST: 動物學　3.CST: 漫畫

380.69　　113004871

DORAEMON TANKYU WORLD—DOBUTSUEN NO NAZO—
by FUJIKO F FUJIO

※ 本書為 2021 年日本小學館出版的《動物園のなぞ》台灣中文版，在台灣經重新審閱、編輯後發行，因此少部分內容與日文版不同，特此聲明。